어떤 문제도 해결하는
사고력 수학 문제집

KB186056

박학다식
문해력
수학

초등 3년

2단계

ㅂㅣㅇㅏㅇㅔㄷ
ViaEducation π

사고력+문해력 융합
수학 학습 프로그램

사고력　　문해력

문제해결능력
추론능력
의사소통능력
연결능력
정보처리능력
표현력
어휘력
메타인지능력

발행처 비아에듀 | 지은이 **최수일·문해력수학연구팀** | 발행인 **한상준** | 초판 1쇄 발행일 2023년 7월 21일
편집 김민정·강탁준·최정휴·손지원 | 기획 자문 박일(수학체험연구소장) | 삽화 김영화·이소영 | 디자인 조경규·김경희·이우현
주소 서울시 마포구 월드컵북로6길 87 | 전화 02-334-6123 | 홈페이지 viabook.kr

문해력이 수학 실력을 좌우합니다

지능 검사는 5개 영역에서 이루어집니다. 어휘적용, 언어추리, 산수추리, 수열추리, 도형추리입니다. 이 중에서 수학 실력과 가장 밀접한 상관관계를 갖는 영역은 무엇일까요? 많은 연구 결과, 수학과 직접적인 관계가 있는 산수추리나 수열추리, 도형추리보다 어휘적용과 언어추리가 수학 실력과의 상관관계가 더 높은 것으로 나타났습니다. '어휘적용'과 '언어추리'가 무엇일까요? 바로 문해력입니다. 문해력이 수학 실력을 좌우합니다.

문해력은 무엇일까요? 문해력은 글을 읽고 의미를 파악하고 이해하는 능력뿐만 아니라 중요한 정보나 사실을 찾고 연결하는 능력이며, 실생활에서 맞닥뜨리는 상황을 이해하고 해결하는 능력입니다. 이는 수학에서 요구하는 역량과도 맞닿아 있습니다. 2024년부터 적용되는 새로운 수학 교육과정은 문제해결, 추론, 의사소통, 연결, 정보처리의 5대 교과 역량을 기반으로 구성됩니다. 또한, 최근 세계적으로 우수한 인재를 위한 교육 프로그램으로 인정받고 있는 IB(International Baccalaureate) 프로그램에서도 사고력을 키워주는 역량 중심의 교육과정을 지향하고 있습니다. 초등수학 IB 프로그램은 위에서 언급한 역량을 키우기 위해 서술형, 논술형 문제를 통해 설명하기(프리젠테이션)와 글쓰기 공부를 강조하고 있습니다.

지식과 정보가 폭발적으로 증가하는 사회에 능동적으로 대응할 수 있는 역량을 갖추는 공부가 절실히 필요한 때입니다. 수학 개념을 정확하고 논리적으로 설명할 줄 아는 공부야말로 미래를 준비하고, 대처할 수 있는 능력을 키워 줄 수 있습니다. 『박학다식 문해력 수학』은 수학 교육과정에서 요구하는 5대 역량과 '설명하기'를 통해 학생이 개념을 충분히 인지하였는지를 알 수 있는 메타인지능력, 그리고 문해력을 동시에 키울 수 있는 교재입니다.

이 책과 함께 성장하는 여러분의 미래를 응원합니다.

박학다식 문해력 수학

step 1

내비게이션

교과서의 교육과정과
학습 주제를 확인해 보세요.
문제에 집중하다 보면
길을 잃기도 하거든요.
내가 공부하고 있는 위치를
확인하는 습관을 지녀보세요.

09 원
→ 원의 구성 요소

내가 그린
원이 가장
크지?

네 줄이 가장
기니까 원이 가장
클 수밖에.

모양은 모두
똑같은데 크기만
서로 다르군.

만화

만화는 뒤에 나오는
'수학 문해력'과 연결이 돼요. 만화를 보며 해당 학습 주제에 대해 상상해 보세요.
그리고 이 주제를 '왜' 배워야 하는지 생각해 보세요.

30초 개념

수학은 '뜻(정의)'과 '성질'이
중요한 과목입니다.
꼭 알아야 할 핵심만
정리해 한눈에 개념을
이해할 수 있어요.

step 1 · 30초 개념

• 원에는 원의 중심, 원의 반지름, 원의 지름이 있습니다.

원의 지름   원의 중심

원의 반지름

개념연결

수학의 개념은 전 학년에 걸쳐
모두 연결되어 있어요. 지금
배우는 개념이 이해가 되지
않는다면 이전 개념으로 돌아가
다시 확인해 보세요. 그리고 다음에는 어떤 개념으로 연결되는지도 꼭 확인하세요.

개념연결

2-1 동그란 모양 → 2-1 원의 특징 파악하기 → 3-2 원의 구성 요소 → 3-2 컴퍼스를 이용하여 원 그리기

매일 한 주제씩 꾸준히 공부하는 습관을 키워 보세요.
'빨리'보다는 '정확하게' 학습 내용을 이해하는 것이 중요합니다.

공부한 날   월   일

step 2 설명하기

질문 ❶ 띠 종이와 누름 못을 이용하여 원을 3개 그려 보세요.

설명하기 띠 종이를 누름 못으로 고정한 다음, 띠 종이의 구멍에 연필을 넣어 원을 그릴 수 있습니다.

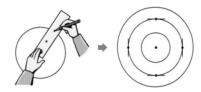

설명하기

'30초 개념'을 질문과 설명의 형식으로 쉽고 자세하게 풀어놨어요.

...음 원에 중심과 반지름, 지름을 모두 표시하고, 알 수 있는 성질을 설명해 보세요.

• 이렇게 공부해 보세요!
1. 무엇을 묻는 질문인지 이해한다.
2. '설명하기'를 소리 내어 읽는다.
3. 친구에게 설명한다.
4. 손으로 직접 써서 정리한다.

원의 중심을 알면 반지름과 지름을 그을 수 있습니다.
원에서 반지름은 원의 중심과 원 위의 아무 한 점을 연결한 선분입니다.
원에서 지름은 원의 중심을 지나는 선분입니다.
반지름의 길이를 재면 모두 같습니다.
지름의 길이를 재면 모두 같고 항상 반지름의 길이의 2배입니다.

이 과정을 거치게 되면 초등수학의 모든 개념을 정복할 수 있어요.

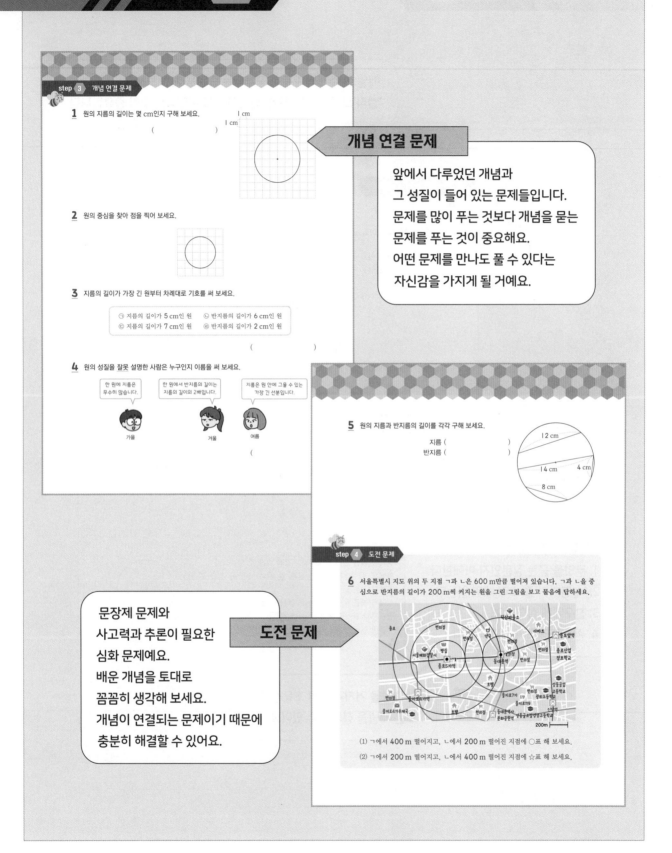

step **3** 개념 연결 문제

1 원의 지름의 길이는 몇 cm인지 구해 보세요.

(   )

I cm
I cm

개념 연결 문제

앞에서 다루었던 개념과
그 성질이 들어 있는 문제들입니다.
문제를 많이 푸는 것보다 개념을 묻는
문제를 푸는 것이 중요해요.
어떤 문제를 만나도 풀 수 있다는
자신감을 가지게 될 거예요.

2 원의 중심을 찾아 점을 찍어 보세요.

3 지름의 길이가 가장 긴 원부터 차례대로 기호를 써 보세요.

ⓐ 지름의 길이가 5 cm인 원   ⓑ 반지름의 길이가 6 cm인 원
ⓒ 지름의 길이가 7 cm인 원   ⓓ 반지름의 길이가 2 cm인 원

(   )

4 원의 성질을 잘못 설명한 사람은 누구인지 이름을 써 보세요.

한 원에 지름은
무수히 많습니다.

한 원에서 반지름의 길이는
지름의 길이의 2배입니다.

지름은 원 안에 그을 수 있는
가장 긴 선분입니다.

가을   겨울   여름

(   )

5 원의 지름과 반지름의 길이를 각각 구해 보세요.

지름 (   )
반지름 (   )

I2 cm
I4 cm   4 cm
8 cm

문장제 문제와
사고력과 추론이 필요한
심화 문제예요.
배운 개념을 토대로
꼼꼼히 생각해 보세요.
개념이 연결되는 문제이기 때문에
충분히 해결할 수 있어요.

도전 문제

step **4** 도전 문제

6 서울특별시 지도 위의 두 지점 ㄱ과 ㄴ은 600 m만큼 떨어져 있습니다. ㄱ과 ㄴ을 중심으로 반지름의 길이가 200 m씩 커지는 원을 그린 그림을 보고 물음에 답하세요.

(1) ㄱ에서 400 m 떨어지고, ㄴ에서 200 m 떨어진 지점에 ○표 해 보세요.

(2) ㄱ에서 200 m 떨어지고, ㄴ에서 400 m 떨어진 지점에 ☆표 해 보세요.

6

사랑으로 굴리는 바퀴

아나운서: 여러분 안녕하세요? ABC 지역 방송 어린이 뉴스 시간입니다. 오늘 4월 26일, 호수 둘레길에서 우리 지역 어린이들이 자전거를 타고 달리는 '사랑으로 굴리는 바퀴' 행사가 열렸습니다. 사전에 참가 신청을 한 어린이 50명 전원이 자전거를 타고 호수 둘레길을 완주하였습니다. 행사 현장에 공혜림 기자가 나가 있습니다. 공 기자, '사랑으로 굴리는 바퀴' 행사에 대해 전해 주시기 바랍니다.

기자: 네, '사랑으로 굴리는 바퀴' 행사는 매년 봄, 어려운 상황에 처해 있는 어린이들에게 자전거를 선물하기 위해 필요한 기부금 마련을 목적으로 열리는 행사입니다. 참가 어린이들이 자전거를 타고 호수 둘레길 25킬로미터를 완주하면 어린이들을 응원하는 사람들이 기부금을 모아 전달합니다. 행사에 참가한 임설민 어린이의 소감을 직접 들어 보시겠습니다.

임설민: 자전거를 타고 달리는 도중에 힘들어서 포기하고 싶은 마음이 드는 순간도 있었지만, 둘레길을 완주하기 위해 노력한 때를 떠올리며 최선을 다해 페달을 밟았습니다. 다행히 무사히 완주하여 어려움을 겪고 있는 친구들에게 자전거를 선물하는 데 조금이나마 보탬이 될 수 있어서 무척 기쁩니다.

기자: 행사에 참가할 준비를 하는 과정에서 어려움은 없었는지요?

임설민: 자전거를 타고 25킬로미터를 달릴 수 있는 체력을 기르기 위해 매일 연습해야 했습니다. 게으름을 피우고 싶은 날도 있었고, 연습을 하다 가벼운 상처를 입기도 했습니다. 하지만 자전거를 선물 받고 기뻐할 친구들의 얼굴을 상상하면서 힘을 냈습니다.

기자: 지금까지, 친구들을 위해 자전거를 타고 달리는 어린이들의 따뜻한 마음을 느낄 수 있는 '사랑으로 굴리는 바퀴' 행사장에서 공혜림 기자였습니다.

＊ 사전: 일을 시작하기 전
＊ 완주하다: 목표한 지점까지 다 달리다.

수학 문해력 기르기

설명문, 논설문, 신문 기사,
동화, 만화 등 다양한 분야의
읽을거리를 읽어 보세요.
긴 문장을 읽고 문제의 핵심을
파악하는 능력을 기를 수 있어요.

1 이 뉴스의 주제는 무엇인지 빈칸에 알맞은 말을 써넣으세요.

□□□□□ □□□□ □□ 행사

2 이 뉴스를 통해 알 수 있는 사실을 잘못 말한 친구의 이름을 써 보세요.

> 윤미: 행사는 4월 26일에 열렸어.
> 세준: 행사에 어린이 50명이 참가했어.
> 채린: 행사를 통해 마련된 기부금은 어려운 형편에 놓인 어린이들에게 선물할 자전거를 사는 데 사용돼.
> 연진: 행사에 참가한 어린이들이 자전거를 타고 50킬로미터를 다 달리면 어린이들을 응원하는 사람들이 기부금을 내.

(   )

읽을거리 안에는 앞서 배운
개념을 묻는 문제가 있어요.
문제를 푸는 과정에서
어휘력과 독해력을 키우고,
읽을거리에 담겨 있는 지식과
정보도 얻을 수 있답니다.
수학 개념과 읽기 능력,
두 마리 토끼를 잡아 보세요.

3 다음 그림에서 자전거 바퀴의 원 모양을 보고 물음에 답하세요.

(1) 원의 중심과 반지름을 찾아 각각의 기호를 써 보세요.

원의 중심 (   ), 반지름 (   )

(2) 원의 지름과 반지름의 길이는 각각 몇 cm인지 구하고, 원의 지름과 반지름의 길이 사이의 관계를 설명해 보세요.

설명

박학다식 문해력 수학 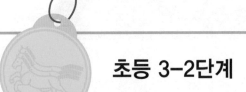 초등 3-2단계

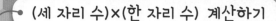

01
곱셈

(세 자리 수)×(한 자리 수) 계산하기

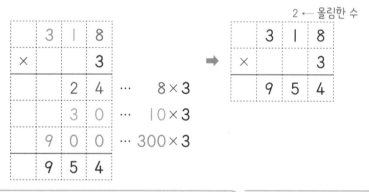

step 1   30초 개념

• (세 자리 수)×(한 자리 수)의 계산은 일의 자리부터 계산하되 올림이 있으면 올림한 수를 바로 윗자리에 적습니다.

	3	1	8		
×			3		
		2	4	⋯	8×3
		3	0	⋯	10×3
	9	0	0	⋯	300×3
	9	5	4		

➡

2 ← 올림한 수

	3	1	8
×			3
	9	5	4

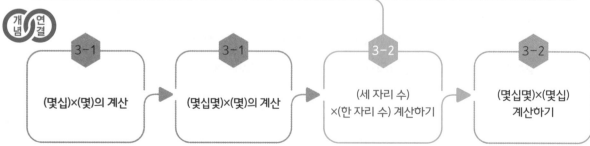

3-1	3-1	3-2	3-2
(몇십)×(몇)의 계산	(몇십몇)×(몇)의 계산	(세 자리 수)×(한 자리 수) 계산하기	(몇십몇)×(몇십) 계산하기

step 2 설명하기

질문 ❶ > 우리 반 학생들이 급식에서 남긴 음식을 처리하는 데 하루 318원이 든다고 합니다. 이번 주에 3일 동안 급식을 다 먹으면 얼마를 아낄 수 있는지 곱셈식으로 나타내고 어림해 보세요.

설명하기 > 아낄 수 있는 돈을 곱셈식으로 나타내면 318×3입니다.

아낄 수 있는 돈이 얼마쯤일지 어림할 수 있습니다. 318을 300으로 어림하면 3×3=9이므로 900원보다 약간 많을 것입니다.

질문 ❷ > 923×7을 세로로 계산하고 그 과정을 설명해 보세요.

설명하기 > 올림이 두 번 이상 있는 (세 자리 수)×(한 자리 수) 계산은 각 자리를 나누어 계산하되 10이 넘는 값은 바로 윗자리로 올려서 더합니다.

이때 맨 앞자리 숫자는 올림으로 표시하지 않고 그냥 씁니다.

		9	2	3		
	×			7		
			2	1	…	3×7
		1	4	0	…	20×7
	6	3	0	0	…	900×7
	6	4	6	1		

➡

		1	2	
		9	2	3
	×			7
	6	4	6	1

923×7을 가로로 계산하면 세로로 계산한 결과가 맞는지 확인할 수 있습니다.
900×7=6300, 20×7=140, 3×7=21이므로
923×7=6300+140+21=6461입니다.

1 보기 와 같이 계산해 보세요.

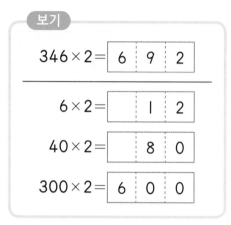

보기

$346 \times 2 = \boxed{6 \mid 9 \mid 2}$

$6 \times 2 = \boxed{ \mid 1 \mid 2}$

$40 \times 2 = \boxed{ \mid 8 \mid 0}$

$300 \times 2 = \boxed{6 \mid 0 \mid 0}$

$173 \times 3 = \boxed{ \mid \mid }$

$3 \times 3 = \boxed{ \mid \mid }$

$70 \times 3 = \boxed{ \mid \mid }$

$100 \times 3 = \boxed{ \mid \mid }$

2 계산해 보세요.

(1) 313×2

(2) 219×3

(3)
$$\begin{array}{r} 2\ 5\ 6 \\ \times \qquad 3 \\ \hline \end{array}$$

(4)
$$\begin{array}{r} 6\ 2\ 4 \\ \times \qquad 8 \\ \hline \end{array}$$

3 계산 결과를 비교하여 ◯ 안에 >, =, <를 알맞게 써넣으세요.

$$714 \times 5 \bigcirc 624 \times 7$$

4 보기 의 수를 4배 한 수는 얼마인지 구해 보세요.

보기

100이 2개, 1이 9개인 수

(   )

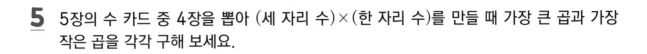

5 5장의 수 카드 중 4장을 뽑아 (세 자리 수)×(한 자리 수)를 만들 때 가장 큰 곱과 가장 작은 곱을 각각 구해 보세요.

2 3 4 5 8

가장 큰 곱 (   )

가장 작은 곱 (   )

step **4** 도전 문제

6 ☐ 안에 알맞은 수를 써넣으세요.

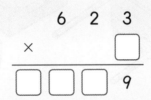

```
      6  2  3
  ×            ☐
  ─────────────
  ☐  ☐  ☐  9
```

7 A 마트에서 당근 하나를 745원에 팔 때, 물음에 답하세요.

(1) 당근 8개를 사려면 얼마를 내야 하는지 2가지 방법으로 계산해 보세요.

방법 1	방법 2

(2) B 마트에서는 당근 하나를 950원에 팔고 있습니다. B 마트에서 당근을 8개 사려면 A 마트에서 사는 것보다 얼마를 더 내야 하는지 구해 보세요.

(   )

송도 오이 장수

먼 옛날 고려의 수도였던 송도에 오이 장수가 살고 있었다. 어느 더운 여름날 오이 장수가 나무 그늘에 앉아 어디 가서 오이를 팔지 궁리하고 있었다. 그때 지나가던 비단 장수가 오이 장수에게 물었다. "무슨 고민을 그리 하시오?"

오이 장수의 고민을 들은 비단 장수가 단박에 대답했다. "당연히 서울로 가야지. 서울에서는 오이 구하기가 어려우니 아주 비싼 값에 팔 수 있을 것이오."

오이 장수는 한 자루에 125개씩 담은 오이 3자루를 수레에 싣고 서울로 떠났다. 하지만 이미 소문을 듣고 여기저기서 오이 장수들이 몰려든 탓에 오이 값이 크게 떨어져 있었다.

"우리 가게에 오이가 225개 들어 있는 상자가 4개나 쌓여 있다오."

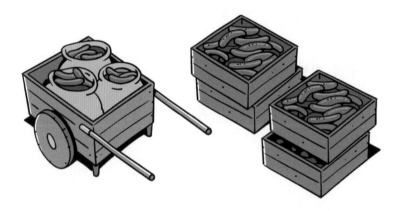

채소 가게 주인의 말을 듣고 오이 장수는 크게 실망하고 말았다. 그 모습을 본 소금 장수가 물었다. "왜 그리 울상을 짓고 계시오?"

오이 장수의 지난 이야기를 들은 소금 장수는 혀를 쯧쯧 차며 말했다.

"의주로 가야지. 의주에서는 오이를 없어서 못 판다고 하던데."

오이 장수는 이번에 의주로 향했다. 그러나 그곳에서도 전국 방방곡곡에서 몰려든 오이 장수들 때문에 오이가 싼값에 팔리고 있었다.

"안 사요, 안 사. 우리 가게에 오이가 545개 들어 있는 상자가 8개나 쌓여 있다오."

채소 가게 주인의 말에 결국 오이 장수는 터덜터덜 수레를 끌고 송도로 돌아올 수밖에 없었다. 그러는 사이 수레에 싣고 다니던 오이는 더운 날씨에 몽땅 썩어 버리고 말았다.

"아이고, 욕심 부리다가 오이를 몽땅 못 쓰게 되고 말았구나."

오이 장수는 땅을 치며 후회했다.

*울상: 울려고 하는 얼굴 표정
*방방곡곡: 한 군데도 빠짐이 없는 모든 곳

1 오이 장수가 오이를 팔러 이곳저곳 떠돌아다닌 까닭을 써 보세요.

```

```

2 이 이야기의 내용으로 미루어 볼 때, 속담 '송도 오이 장수'의 의미로 알맞은 것은?

(   )

① 기회를 잡아 큰 성공을 거둔 사람을 가리키는 말
② 열심히 노력하여 목표를 이룬 사람을 가리키는 말
③ 이익을 얻기 위해 최선을 다하는 사람을 가리키는 말
④ 이리저리 기회를 엿보다가 그만 기회를 놓친 사람을 가리키는 말
⑤ 어떻게 하면 더 이익인지 따지다가 기회를 놓친 사람을 가리키는 말

3 오이 장수가 수레에 실은 오이는 모두 몇 개인가요?

(   )

4 서울의 채소 가게에 쌓여 있는 오이는 모두 몇 개인지 구해 보세요.

곱셈식 _____

답 _____

5 의주의 채소 가게에 쌓여 있는 오이는 모두 몇 개인지 구해 보세요.

곱셈식 _____

답 _____

(몇십몇)×(몇십) 계산하기

step 1 · 30초 개념

• (몇십몇)×(몇십)은 (몇십몇)×(몇)을 10배 한 것과 같아요.

$14 \times 20 = 14 \times 2 \times 10$ $\quad\quad\quad = 28 \times 10$ $\quad\quad\quad = 280$	$14 \times 20 = 14 \times 10 \times 2$ $\quad\quad\quad = 140 \times 2$ $\quad\quad\quad = 280$

개념 연결

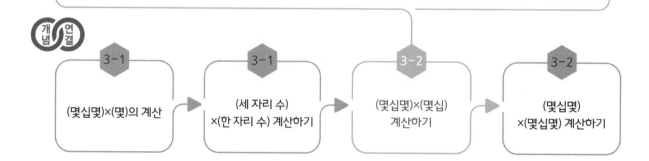

3-1
(몇십몇)×(몇)의 계산

3-1
(세 자리 수) ×(한 자리 수) 계산하기

3-2
(몇십몇)×(몇십) 계산하기

3-2
(몇십몇) ×(몇십몇) 계산하기

 **step 2 설명하기**

질문 ❶ 20×30을 다양한 방법으로 계산하고, 그 과정을 설명해 보세요.

설명하기 20×30은

① 20×3을 먼저 계산하면 20×30은 20×3×10으로 계산할 수 있습니다.

$$\boxed{20×3}\ \boxed{20×3}\ \boxed{20×3}\ \boxed{20×3}\ \boxed{20×3}\ \boxed{20×3}\ \boxed{20×3}\ \boxed{20×3}\ \boxed{20×3}\ \boxed{20×3}$$

20×3=60이므로 20×30=20×3×10=60×10=600입니다.

② 2×3을 먼저 계산하면 20×30은 2×3×10×10으로 계산할 수 있습니다.

2×3=6이므로 20×30=2×3×10×10=6×10×10=600입니다.

질문 ❷ 9×23을 세로셈으로 계산하고, 그 과정을 설명해 보세요.

설명하기

```
        9
  ×  2  3
     2  7   … 9×3
  1  8  0   … 9×20
  2  0  7
```
⟹
```
        2
        9
  ×  2  3
  2  0  7
```

왼쪽 계산에서 27은 9×3을 나타낸 것이고, 180은 9×20을 나타낸 것입니다. 왼쪽의 세로 계산을 더 간단하게 나타내면 오른쪽과 같이 한 줄로 쓸 수 있습니다. 일의 자리를 계산한 결과 27 중 2를 십의 자리로 올림하고 나머지 7을 일의 자리에 내려 씁니다. 십의 자리를 계산한 결과 18에 일의 자리에서 올림한 2를 더해 20을 내려 씁니다.

두 수의 곱은 두 수를 바꾸어 곱해도 결과가 같으므로 9×23의 계산이 불편한 사람은 23×9를 계산해도 됩니다.

1 계산해 보세요.

(1) 36×70

(2) 7×19

(3)
$$\begin{array}{r} 6\ 7 \\ \times\ 4\ 0 \\ \hline \end{array}$$

(4)
$$\begin{array}{r} 4 \\ \times\ 3\ 5 \\ \hline \end{array}$$

2 다음을 계산할 때 $7 \times 4 = 28$의 숫자 8을 어느 자리에 써야 하는지 기호를 써 보세요.

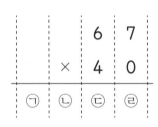

(   )

3 계산 결과가 2000보다 큰 것을 모두 찾아 기호를 써 보세요.

> ㉠ 30×50 ㉡ 60×70
> ㉢ 71×20 ㉣ 43×50

(   )

4 가장 작은 수와 가장 큰 수의 곱을 구해 보세요.

> 6   8   54   39

(   )

5 가와 나 사이의 자연수는 모두 몇 개인지 구해 보세요.

$$가: 23 \times 80 \qquad 나: 93 \times 20$$

(   )

6 ☐ 안에 알맞은 수를 써넣으세요.

$$\begin{array}{r} 9 \\ \times\ \boxed{}\ \boxed{} \\ \hline 1\ \boxed{}\ 2 \end{array}$$

step ❹ 도전 문제

7 고속 열차 객실 한 량의 좌석 배치는 다음과 같습니다. 이 고속 열차의 객실이 20량 이라면 좌석은 모두 몇 개인지 구해 보세요.

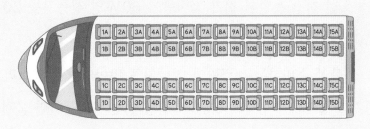

(   )

8 ☐ 안에 알맞은 수를 구해 보세요.

$$40 \times \textcircled{\tiny ㉠}0 = 3600$$
$$\textcircled{\tiny ㉠} \times 18 = \boxed{}$$

(   )

2023년 7월 7일 푸른일보

더운 날씨로 인한 전력난 심각해

예년보다* 빨리 찾아온 무더위 때문에 에어컨을 켜는 시간이 늘고 있지만 공급할* 수 있는 전기 에너지가 충분하지 않아 관계자들의 걱정이 크다.

어제는 전국 대부분 지역의 한낮 최고 기온이 38°를 넘어서자 더위를 견디지 못하고 어지러움과 피로를 느끼는 사람들이 여럿 발생했다.

더위를 피하기 위해 어쩔 수 없이 선풍기나 에어컨을 오랜 시간 사용하게 되면서 사람들이 소비하는 전기 에너지의 양인 전력량이 증가하고 있다. 가전제품별 한 시간 동안의 전기 소비량과 사용 시간을 곱하면 전력량을 계산할 수 있다. 이때 W(와트)라는 단위를 사용한다. 예를 들어 한 시간 동안의 전기 소비량이 60W인 선풍기를 20시간 동안 사용했다면 ⃞ ㉠ ⃞ W를 사용한 것이다.

전문가들은 국민들이 소비하는 전력량이 지나치게 많아지면 갑작스러운 정전이 발생할 수 있으므로 전기를 절약해야 한다고 말한다. 만일 정전이 발생하면 물건을 생산하는 공장 등이 큰 피해를 입게 된다.

서울에 살고 있는 이지민 씨는 "우리 집 에어컨이 한 시간 동안 소비하는 전기 에너지로 같은 시간 동안 선풍기 30대를 사용할 수 있다는 사실을 알고 나서부터는 에어컨보다 선풍기를 이용하려고 노력하고 있습니다. 지난달에는 매일 8시간씩 31일 동안 에어컨을 사용했다가 전기세를 깜짝 놀랄 만큼 많이 내야 했습니다." 하고 말했다.

뜨거운 여름을 슬기롭게 보내기 위해 전 국민이 노력해야 할 때이다.

박푸른 기자

---

* **공급하다**: 요구나 필요에 따라 제공하다.

1 이 글의 내용으로 알맞은 것은? (   )

① 어느 날의 일기
② 상대방에게 보내는 편지글
③ 상품에 대한 정보를 알리기 위한 광고
④ 사건이나 상황을 전하기 위해 쓴 기사
⑤ 여행하면서 보고, 듣고, 느끼고, 겪은 것을 적은 글

2 ㉠에 알맞은 수를 구해 보세요.

(   )

3 전문가들이 전기를 절약해야 한다고 말하는 까닭은? (   )

① 더위 때문에 어지러움과 피로를 느낄 수 있어서
② 전기세를 많이 내게 될 수 있어서
③ 갑작스러운 정전이 발생할 수 있어서
④ 물건을 생산하는 공장 등이 큰 이익을 얻을 수 있어서
⑤ 뜨거운 여름을 시원하게 보내기 위해서

4 이지민 씨가 사용하는 선풍기의 한 시간 동안의 전기 소비량이 47W일 때 에어컨의 한 시간 동안의 전기 소비량을 구해 보세요.

곱셈식 _____

답 _____

5 지난달 이지민 씨가 에어컨을 사용한 시간은 모두 몇 시간인지 구해 보세요.

곱셈식 _____

답 _____

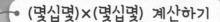 (몇십몇)×(몇십몇) 계산하기

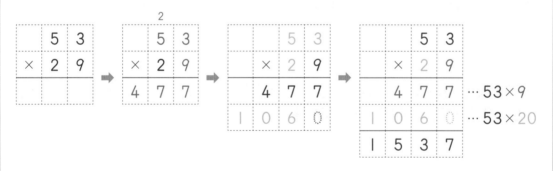

그럼 한 면에 모두 몇 글자가 있는 거지?

팔만대장경 경판 한 면에는 글자가 한 줄에 14글자씩 23줄로 새겨져 있다고 해.

14 × 23을 하면 알 수 있어.

step 1 **30초 개념**

- (몇십몇)×(몇십몇)은 곱하는 수 몇십몇을 몇십과 몇으로 나누어 계산한 후 더합니다.

	5	3
×	2	9

➡

		2	
		5	3
	×	2	9
	4	7	7

➡

		5	3
	×	2	9
	4	7	7
1	0	6	0

➡

		5	3	
	×	2	9	
	4	7	7	⋯ 53×9
1	0	6	0	⋯ 53×20
1	5	3	7	

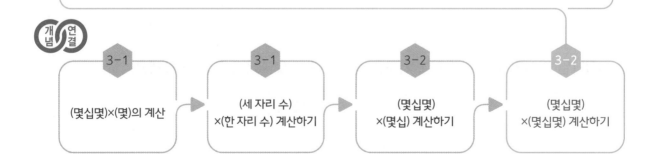

3-1	3-1	3-2	3-2
(몇십몇)×(몇)의 계산	(세 자리 수)×(한 자리 수) 계산하기	(몇십몇)×(몇십) 계산하기	(몇십몇)×(몇십몇) 계산하기

step 2 설명하기

질문 ❶ 53×29를 모눈종이로 계산하고, 그 과정을 설명해 보세요.

설명하기 53×29를 모눈종이로 나타내면 다음과 같습니다.

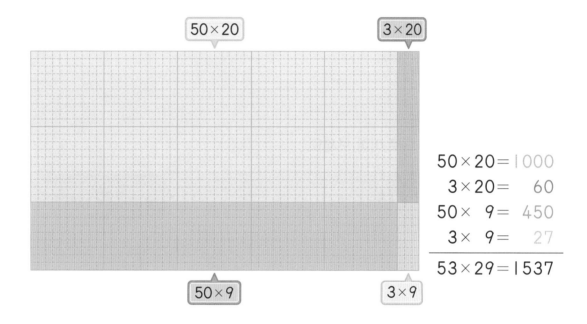

$$50\times20=1000$$
$$3\times20=60$$
$$50\times9=450$$
$$3\times9=27$$
$$\overline{53\times29=1537}$$

질문 ❷ 25×13을 세로셈으로 계산하고, 그 과정을 설명해 보세요.

설명하기

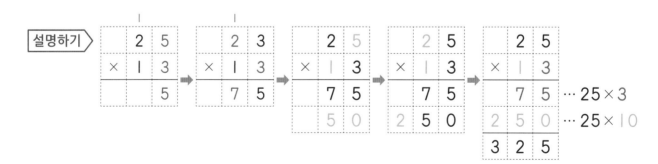

25에 곱하는 수 중 3을 곱하면 25×3=75입니다.
25에 곱하는 수 중 10을 곱하면 25×10=250입니다.
두 수를 더하면 75+250=325입니다. 따라서 25×13=325입니다.

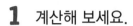

1 계산해 보세요.

(1) 15×41

(2) 84×27

(3)
```
    2 3
×   1 4
```

(4)
```
    8 5
×   5 3
```

2 관계있는 것끼리 선으로 이어 보세요.

51×18 ·   · 792

36×22 ·   · 646

17×38 ·   · 918

3 ㉠과 ㉡이 나타내는 수의 합을 구해 보세요.

㉠ 17을 21번 더한 수   ㉡ 45의 13배인 수

(   )

4 계산 결과를 비교하여 ◯ 안에 >, =, <를 알맞게 써넣으세요.

49×19 ◯ 26×38

5 4장의 수 카드를 한 번씩만 사용하여 만들 수 있는 가장 작은 두 자리 수와 가장 큰 두 자리 수의 곱을 구해 보세요.

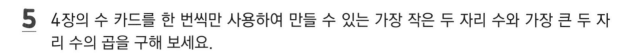

(   )

6 어떤 수에 93을 곱해야 할 것을 잘못하여 더했더니 111이 되었습니다. 바르게 계산하면 얼마일까요?

(   )

step ❹ 도전 문제

7 다음 계산에서 잘못된 곳을 찾아 바르게 계산해 보세요.

```
      7 9
  ×   8 4
  ───────
    3 1 6
  6 3 2
  ───────
  9 4 8
```
➡ 바른 계산

8 버스 한 대에 45명씩 탈 수 있습니다. 같은 버스 12대에는 모두 몇 명까지 탈 수 있을까요?

(   )

나라를 지키고 싶은 간절한* 마음

고려 시대 때 몽골은 세계 정복을 꿈꾸며 고려를 침략했다.

강력한 몽골이 쳐들어오자 고려의 임금과 신하들은 수도를 여러 개의 섬으로 이루어진 강화로 옮겼다. 고려의 군사들은 최선을 다해 몽골과 싸웠지만 수년이 흘러도 전쟁은 끝날 줄을 몰랐다. 어느 날 임금이 신하들을 불러 모아 놓고 물었다.

"긴 전쟁으로 백성들이 고통받고 있는데, 몽골을 물리칠 방법이 없는가?"

한참 동안 고민하던 신하들이 대답했다.

"하루빨리 전쟁이 끝나기를 바라는 고려인들의 간절한 마음을 담아 부처님의 가르침을 새긴 목판을 만드는 것이 좋을 듯합니다."

"그것 참 좋은 생각이로구나. 정성스럽게 만든 목판을 부처님께 바치면 부처님의 힘으로 몽골을 물리칠 수 있을 것이다."

그날 이후 임금은 사람들을 모아 '팔만대장경'을 만들었다. 경판을 만들기 위해서는 먼저, 30년보다 오래된 나무를 잘라 바닷물 속에 1~2년 담가 두어야 한다. 그리고 알맞은 크기로 잘라 소금물에 삶은 뒤 다시 1년 동안 말리고, 마지막으로 대패로* 곱게 다듬으면 비로소 글자를 새길 준비가 끝이 난다.

조각가는 가로 65센티미터, 세로 24센티미터, 두께 약 3센티미터인 경판에 한 글자, 한 글자를 정성 들여 새겨 나간다. 경판의 한 면에는 글자가 23줄로 새겨져 있고, 각 줄의 글자 수는 14자이다. 글자는 앞면뿐만 아니라 뒷면에도 새겨져 있다. 하루 한 명이 새길 수 있는 글자 수는 약 40자이고, 한 판을 새기는 데 13~21일이 걸렸다고 한다. 얼마나 정성을 들였는지 엄청나게 많은 글자 중에서 틀린 글자나 빠진 글자는 거의 없다.

팔만대장경은 해인사의 장경판전에 보관되어 있다. 바람이 잘 통하고 적당한 습도를 유지할 수 있게 지어져 오랜 세월 동안 대장경판을 손상* 없이 보관하는 데 큰 도움을 주었다.

▲ 대장경판

▲ 해인사 장경판전

*간절하다: 정성이나 마음 씀씀이가 더없이 정성스럽고 지극하다.
*대패: 나무의 표면을 반반하고 매끄럽게 깎는 데 쓰는 연장
*손상: 물체가 깨지거나 상함.

1 무엇에 관한 글인지 빈칸에 알맞은 말을 써넣으세요

☐☐☐☐☐

2 이 글에서 알 수 있는 내용이 <u>아닌</u> 것은? (   )

① 팔만대장경을 만든 시기   ② 팔만대장경을 만든 까닭

③ 팔만대장경을 만드는 방법   ④ 팔만대장경을 모두 만드는 데 걸린 시간

⑤ 팔만대장경을 보관하고 있는 장소

3 팔만대장경 만드는 방법을 순서대로 나열하여 기호를 써 보세요.

> ㉠ 경판을 만들기 위해 알맞은 크기로 나무 자르기
> ㉡ 자른 나무를 소금물에 삶은 후 바람이 잘 통하는 곳에서 1년 동안 말리기
> ㉢ 경판을 만들기에 알맞은 나무를 고르고 자르기
> ㉣ 대패로 곱게 다듬은 후 경판에 글자 새기기
> ㉤ 자른 나무를 바닷물 속에 1~2년 동안 담가 두기

(   )

4 경판의 한 면에 새겨진 글자는 모두 몇 개인지 모눈종이에 나타내고 그 수를 구해 보세요.

(   )

5 한 조각가가 하루에 38글자씩 18일 동안 글자를 새겼습니다. 조각가가 18일 동안 새긴 글자는 모두 몇 개인지 구해 보세요.

곱셈식 _____

답 _____

* **거리**: 오이나 가지 따위를 묶어 세는 단위로 한 거리는 50개입니다.

---

step 1 30초 개념

- (몇십)÷(몇)의 계산은 먼저 (몇)÷(몇)을 계산하고 내림이 있는 경우 내림한 수로 (몇십)÷(몇)을 계산합니다.

$$60 \div 3 = 20$$

- 나눗셈식을 세로로 나타내는 방법

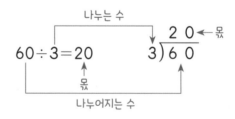

$$60 \div 3 = 20$$

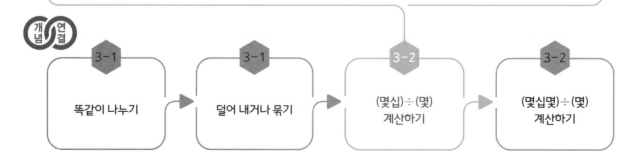

3-1	3-1	3-2	3-2
똑같이 나누기	덜어 내거나 묶기	(몇십)÷(몇) 계산하기	(몇십몇)÷(몇) 계산하기

질문 ❶ 색종이 60장을 3명이 똑같이 나누어 가질 때, 묶음으로 생각하면 한 명이 색종이 몇 장을 가질 수 있는지 설명해 보세요.

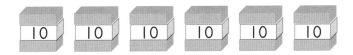

설명하기 색종이 60장을 3명이 똑같이 나누어 가질 때, 묶음으로 생각하면 한 명이 색종이 10장 묶음을 2개씩 가지므로 20장씩 가질 수 있습니다.

색종이 60장을 십 모형 6개로 생각하면 한 명이 십 모형을 2개씩 가지므로 20장씩 가질 수 있습니다.

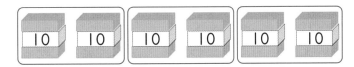

질문 ❷ 70÷5를 십 모형을 일 모형으로 바꾸어 계산해 보세요.

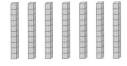

설명하기 70÷5와 같이 십 모형으로만 나눌 수 없는 경우에는 십 모형을 일 모형으로 바꾸어 나눕니다.

십 모형 1개를 일 모형 10개로 바꾸어 일 모형을 5개씩 나누면 14개의 묶음이 나오므로 70÷5=14입니다.

1 계산해 보세요.

(1) 90÷3

(2) 70÷2

(3)

$$2\overline{)8\ 0}$$

(4)

$$5\overline{)9\ 0}$$

2 나눗셈의 몫이 <u>다른</u> 하나를 찾아 기호를 써 보세요.

⊙ 30÷2   ⓒ 60÷4   ⓒ 70÷5

(   )

3 ⊙과 ⓒ의 몫의 차를 구해 보세요.

⊙ 80÷4   ⓒ 80÷5

(   )

4 계산 결과를 비교하여 ◯ 안에 >, =, <를 알맞게 써넣으세요.

60÷5 ◯ 90÷6

5 가장 큰 수를 가장 작은 수로 나누었을 때의 몫을 구해 보세요.

| 50 | 4 | 30 | 6 | 2 |

(   )

step **4** 도전 문제

6 어느 공장에서 인형 한 개를 만드는 데 걸리는 시간은 항상 같습니다. 인형 7개를 만드는 데 1시간 10분이 걸렸다면 인형 한 개를 만드는 데 걸린 시간은 몇 분인지 풀이 과정을 쓰고 답을 구해 보세요.

풀이 과정

(   )

7 □ 안에 들어갈 수 있는 가장 큰 수는 무엇인지 풀이 과정을 쓰고 답을 구해 보세요.

$$90 \div 2 > 8 \times \square$$

풀이 과정

(   )

한가위* 맞이
농수산물 도매 시장 할인

특별 할인 품목

마늘 한 접

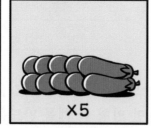

가지 한 거리

달걀 한 꾸러미

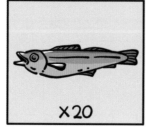

북어 한 쾌

고등어 열 손

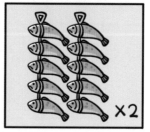

조기 한 두름

민족 대명절 한가위를 맞이하여 농수산물 도매* 시장에서 할인 행사가 열립니다. 할인 기간은 9월 7일부터 14일까지 단 일주일입니다. 갖가지 농수산물을 저렴한* 가격에 대량으로 구매하여 풍성한 한가위를 준비해 보세요. 대폭 할인하는 특별 할인 품목도 마련되어 있으니 오직 농수산물 도매 시장에서만 만날 수 있는 특별한 기회를 놓치지 마십시오.

※접: 100개, 거리: 50개, 꾸러미: 10개, 쾌: 20마리, 손: 2마리, 두름: 20마리
※일부 품목은 할인에서 제외됩니다.

* **한가위**: 추석과 같은 말
* **도매**: 물건을 낱개로 사지 않고 묶어서 삼.
* **저렴하다**: 물건 값이 싸다.

1 이 글의 목적은? (   )

① 인물을 소개하기 위해서   ② 정보를 전달하기 위해서
③ 글쓴이의 주장을 제시하기 위해서   ④ 글쓴이의 느낌을 표현하기 위해서
⑤ 글쓴이가 겪은 일을 이야기하기 위해서

2 글의 내용을 바르게 이해한 사람은? (   )

① 은희: 9월 한 달 동안 농수산물 도매 시장에서 할인 행사가 열리는구나.
② 영준: 농수산물 도매 시장은 적은 양의 농수산물을 사기에 알맞아.
③ 서정: 마늘을 10개씩 특별히 싼값에 살 수 있어.
④ 지민: 북어를 10마리씩 특별히 싼값에 살 수 있어.
⑤ 수연: 시장에서 파는 모든 물건을 싼값에 살 수 있는 것은 아니야.

3 가지 한 거리를 상자 2개에 똑같이 나누어 담아 포장하려면 한 상자에 가지를 몇 개씩 담아야 할까요?

식 _____

답 _____

4 시장에서 달걀 아홉 꾸러미를 샀습니다. 이 달걀을 한 명에게 6개씩 나누어 준다면 몇 명에게 나누어 줄 수 있을까요?

식 _____

답 _____

5 다음 대화를 읽고 상자 한 개에 고등어가 몇 마리 들어 있는지 구해 보세요.

> 상인: 싱싱한 고등어 사세요. 고등어 열 손을 매우 싸게 팔고 있습니다.
> 손님: 고등어 열 손씩 두 묶음 주세요.
> 상인: 네, 고등어를 상자 2개에 똑같이 나누어 담아 드리겠습니다.
> 손님: 감사합니다.

(   )

나머지가 없는 (몇십몇) ÷ (몇) 계산하기

* **되**: 곡식, 액체 등의 분량을 헤아리는 부피 단위

---

step 1 30초 개념

• 나머지가 없는 (몇십몇)÷(몇)의 계산은 나눗셈식을 세로로 써서 해결합니다.

$$48 \div 3 = 16 \Rightarrow 3)\overline{48} \quad \begin{array}{r} 16 \end{array}$$

나누는 수

몫

몫

나누어지는 수

3-1	3-2	3-2	3-2
똑같이 나누기	(몇십)÷(몇) 계산하기	나머지가 없는 (몇십몇)÷(몇) 계산하기	나머지가 있는 (몇십몇)÷(몇) 계산하기

step 2 설명하기

질문 ❶ 48÷3의 값을 수 모형으로 구해 보세요.

설명하기 48을 십 모형 4개와 일 모형 8개로 생각하면 먼저, 십 모형을 1개씩 나눕니다. 그리고 남은 십 모형 1개를 일 모형 10개로 바꾸면 일 모형이 18개가 되므로 6개씩 3묶음으로 똑같이 나눌 수 있습니다. 따라서 48÷3=16입니다.

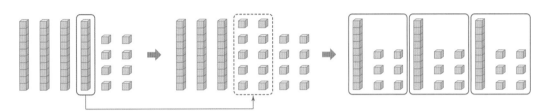

질문 ❷ 48÷3을 세로로 계산하는 방법을 설명해 보세요.

설명하기 ① 먼저 십의 자리 40을 3으로 나눈 몫 10을 십의 자리 위에 씁니다.
　　　　　 이때 48−30=18을 내려 씁니다.
　　　　② 이제 남은 18을 3으로 나눈 몫 6을 일의 자리 위에 씁니다.
　　　　　 이때 18−18=0을 내려 씁니다.
➡ 따라서 48÷3=16입니다.

$$
\begin{array}{r}
1\,6 \\
3\,)\overline{4\,8} \\
3\,0 \leftarrow 3\times10 \\
\hline
1\,8 \\
1\,8 \leftarrow 3\times6 \\
\hline
0
\end{array}
$$

1 계산해 보세요.

(1) $42 \div 2$

(2) $72 \div 3$

(3)
$$4 \overline{)4\ 8}$$

(4)
$$6 \overline{)9\ 6}$$

2 관계있는 것끼리 선으로 이어 보세요.

$96 \div 2$ ·

$84 \div 7$ ·

· 12

· 24

· 48

3 가을이와 겨울이가 들고 있는 식의 계산 결과의 합을 구해 보세요.

$36 \div 3$ $75 \div 5$

가을   겨울

(   )

4 몫이 작은 것부터 순서대로 기호를 써 보세요.

> ㉠ $96 \div 8$ ㉡ $65 \div 5$ ㉢ $34 \div 2$

(   )

5 3장의 수 카드 중에서 2장의 수 카드로 가장 큰 두 자리 수를 만들고, 그 수를 남은 수 카드의 수로 나누려고 합니다. 빈칸에 알맞은 수를 써넣으세요.

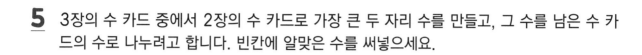

$$\boxed{} \div \boxed{} = \boxed{}$$

step **4** 도전 문제

6 56을 주어진 수로 나누었을 때 몫이 가장 큰 수를 찾아 ○표 하고, 그 이유를 써 보세요.

| 2 | 4 | 7 | 8 |

이유

7 다음 계산에서 잘못된 곳을 찾아 바르게 계산해 보세요.

```
      1 1 2
   4 ) 5 2
       4
       4 8
       4
         8
         8
         0
```

➡ 바른 계산

홍길동이 합천 해인사 털어먹듯

홍길동은 양반을 아버지로 두었지만 어머니가 노비였던 탓에 온갖 푸대접을 받았다. 신분에 따라 차별이 심한 시대였기 때문이었다. 견디다 못한 홍길동은 집을 나가 도술을 익혔다.

홍길동의 도술 실력이 뛰어나다는 소문이 퍼지자 많은 사람이 모여들었다. 홍길동은 그들을 모아 활빈당이라는 무리를 만들었다. 활빈당은 백성의 재물을 탐내는 못된 관리들의 재물을 빼앗아 가난한 사람들에게 나누어 주었다. 어느 날 홍길동은 해인사라는 절의 승려들이 백성들의 굶주림을 무시한 채 재물을 쌓아 두고 지낸다는 소문을 들었다.

이에 홍길동과 부하들은 쌀 52가마니를 수레 4개에 똑같이 나누어 싣고 해인사라는 절로 향했다.

"이 쌀가마니들을 해인사에 시주하러 왔습니다."

홍길동이 시주한 쌀가마로 곳간이 가득 차자 승려들은 크게 기뻐하며 큰 잔치를 열었다. 맛좋은 음식을 먹던 홍길동은 몰래 주머니에 넣어 둔 모래를 입에 털어 넣었다. 그러자 우지직하고 모래 씹는 소리가 울려 퍼졌다.

"손님 대접을 이따위로 하다니! 이놈들을 당장 밧줄로 묶어라!"

화가 잔뜩 난 홍길동이 부하들에게 소리쳤다.

"온 나라 백성들이 굶주리고 있는데 부처님의 가르침을 전하고 실천하는 승려들이 곳간에 재물을 가득 쌓아 놓고 배불리 먹고 마시다니! 이 얼마나 괘씸한 일이란 말이냐!"

홍길동은 곳간에 쌓여 있던 재물들을 몽땅 수레에 싣고 떠났다. 그리고 부하들과 함께 전국 방방곡곡을 돌아다니며 형편이 어려운 백성들에게 재물을 골고루 나누어 주었다.

＊**푸대접**: 정성을 들이지 않고 아무렇게나 하는 대접
＊**시주하다**: 절이나 승려에게 물건을 베풀어 주다.
＊**곳간**: 물건을 간직하여 두는 곳

1 홍길동이 사람들을 모아 만든 무리의 이름을 빈칸에 써 보세요.

☐☐☐

2 홍길동이 해인사로 향하면서 수레 한 개에 싣고 간 쌀은 몇 가마니인가요?

(   )

3 '홍길동 합천 해인사 털어먹듯'과 어울리는 상황을 2가지 고르세요. (   )

① 남의 물건을 탐낼 때
② 도둑이 아무것도 남기지 않고 송두리째 훔쳐 갔을 때
③ 상 위에 있는 음식을 조금도 남기지 않고 다 쓸어 먹었을 때
④ 도움이 필요한 위급 상황에 처했을 때
⑤ 옳지 못한 행동을 보았을 때

4 홍길동이 해인사 곳간에서 엽전 96냥이 든 항아리를 찾아내어 주머니 2개에 엽전을 똑같이 나누어 담았다면, 주머니 한 개에 엽전을 몇 냥씩 담았을까요?

(식) _____

(답) _____

5 홍길동은 어느 마을 입구에 다음과 같은 편지를 남기고 떠났습니다. ☐ 안에 알맞은 수를 써넣으세요.

> 쌀 18자루와 보리 60자루를 두고 간다.
> 이 자루들을 종류에 상관없이 형편이 어려운 여섯
> 집에 똑같이 나누어 주기 바란다.
> 따라서 한 집에 ☐ 자루씩 나누어 주도록 하라.

06 나눗셈

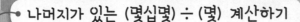

나머지가 있는 (몇십몇) ÷ (몇) 계산하기

step 1 · 30초 개념

- (몇십몇)÷(몇)을 계산하여 몫과 나머지를 구할 수 있습니다.
  47을 3으로 나누면 몫은 15이고 2가 남습니다.
  이때 2를 47÷3의 나머지라고 합니다.

$$47 \div 3 = 15 \cdots 2$$

나머지가 없으면 나머지가 0이라고 말할 수 있습니다. 나머지가 0일 때, 나누어떨어진다고 합니다.
나머지는 항상 0보다 같거나 크고 나누는 수보다 작습니다.

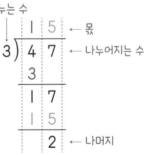

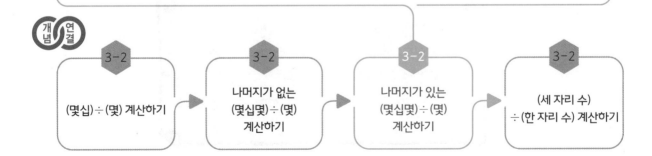

개념연결

3-2	3-2	3-2	3-2
(몇십)÷(몇) 계산하기	나머지가 없는 (몇십몇)÷(몇) 계산하기	나머지가 있는 (몇십몇)÷(몇) 계산하기	(세 자리 수) ÷(한 자리 수) 계산하기

step 2 설명하기

질문 ❶ ▶ 47÷3을 수 모형으로 계산해 보세요.

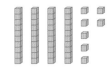

설명하기 ▷ 47을 십 모형 4개와 일 모형 7개로 생각합니다. 십 모형을 1개씩 나누고, 남은 십 모형 1개를 일 모형 10개로 바꾸어 일 모형 17개로 만듭니다.
17개를 5개씩 묶으면 3묶음이 되고 2개가 남습니다. 그러므로 몫은 15이고, 2가 남습니다.

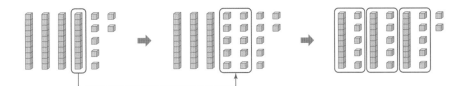

질문 ❷ ▶ 47÷3을 세로로 계산하는 방법을 설명해 보세요.

설명하기 ▷ ① 먼저 십의 자리 40을 3으로 나눈 몫 10을 십의 자리 위에 씁니다.
이때 47－30＝17을 내려 씁니다.
② 이제 남은 17을 3으로 나눈 몫 5를 일의 자리 위에 씁니다.
이때 17－15＝2를 내려 씁니다.
➡ 따라서 47÷3＝15 … 2입니다.

$$\begin{array}{r} 1\ \ 5 \\ 3\overline{)4\ \ 7} \\ 3\ \ 0 \quad \leftarrow 3\times 10 \\ \hline 1\ \ 7 \\ 1\ \ 5 \quad \leftarrow 3\times 5 \\ \hline 2 \end{array}$$

1 나눗셈의 몫과 나머지를 구해 보세요.

(1) 54÷7

몫 _____

나머지 _____

(2) 82÷5

몫 _____

나머지 _____

(3)

9)8 0

몫 _____

나머지 _____

(4)

6)9 2

몫 _____

나머지 _____

2 몫이 가장 작은 나눗셈을 찾아 기호를 써 보세요.

㉠ 39÷2   ㉡ 43÷3   ㉢ 54÷4

(   )

3 나머지가 가장 큰 나눗셈을 쓴 사람은 누구인지 이름을 써 보세요.

75÷4

겨울

92÷7

봄

88÷6

여름

(   )

4 나머지가 6이 될 수 있는 나눗셈을 찾아 ○표 해 보세요.

○÷5   △÷6   □÷9

5 나누어떨어지지 않는 나눗셈을 찾아 기호를 쓰고, 그 나머지를 구해 보세요.

㉠ 75÷5   ㉡ 91÷7   ㉢ 94÷8

기호 (   )

나머지 (   )

6 ㉠과 ㉡에 알맞은 수의 합은 얼마인지 풀이 과정을 쓰고 답을 구해 보세요.

98÷4=㉠ … 2
89÷6=14 … ㉡

풀이 과정

(   )

7 오른쪽은 나누어떨어지는 나눗셈입니다. ☆에 알맞은 가장 작은 한 자리 수를 구하고, 그 이유를 써 보세요.

3)7 ☆

(   )

이유

부자의 유언

옛날 어느 부자와 세 아들이 살고 있었다. 부자에게는 고민이 한 가지 있었다.

"아들들이 서로 양보할 줄 모르고 다투기만 하니 걱정이로구나."

어느 날 죽음을 앞둔 늙은 부자가 세 아들을 불러 놓고 말했다.

"㉮ 사랑하는 나의 세 아들에게 아끼던 소 19마리를 남긴다. 첫째 아들은 소를 2로 나눈 몫만큼을, 둘째 아들은 4로 나눈 몫만큼을, 셋째 아들은 5로 나눈 몫만큼을 갖도록 하여라."

그 말을 끝으로 부자는 눈을 감고 말았다. 부자의 장례식 이후 세 아들은 크게 다투었다.

"내가 가장 나이가 많으니 아버지의 유언에 따라 소를 나누고 남는 소 3마리를 내가 갖겠다."

"그게 무슨 소리입니까? 아버지가 가장 사랑하셨던 막내인 제가 남는 소를 가져야지요."

그 모습을 물끄러미* 쳐다보고 있던 지혜로운 하인이 말했다.

"도련님들께 제가 가진 유일한 소 한 마리를 드리겠습니다. 그럼 소는 20마리가 되지요. ㉠로 나누면 나누어떨어지므로 첫째 도련님이 소를 10마리 갖고, ㉡로 나누면 나누어떨어지므로 둘째 도련님이 소를 5마리 갖고, ㉢로 나누면 나누어떨어지므로 셋째 도련님이 소를 4마리 가지면 되겠지요?"

세 아들은 기뻐하며 무릎을 탁 쳤다.

"소가 한 마리 남았지요? 그렇다면 제가 드렸던 소 한 마리를 다시 돌려주시지요."

원래 자신의 것이었던 소를 끌고 유유히 돌아가는 하인의 뒷모습을 보자 세 아들은 몹시 부끄러워졌다. 그 후로 세 아들은 다투지 않고 우애* 있게 지냈다고 한다.

*물끄러미: 우두커니 한곳만 바라보는 모양
*우애: 형제나 친구 사이의 사랑

1 이 이야기의 내용으로 알맞지 <u>않은</u> 것은? (   )

① 부자의 세 아들은 서로 양보할 줄 모르고 다투기 일쑤였다.

② 세상을 떠나며 부자가 세 아들에게 소 19마리를 남겼다.

③ 첫째 아들은 자신이 나이가 가장 많으므로 남는 소를 가져야 한다고 주장했다.

④ 셋째 아들은 부자가 자기를 가장 사랑했으므로 자신이 남는 소를 가져야 한다고 주장했다.

⑤ 하인은 자신이 가진 소 한 마리를 세 아들에게 주고 빈털터리가 되었다.

2 빈칸에 알맞은 낱말을 보기 에서 찾아 부자가 세 아들에게 유언을 남긴 까닭을 완성해 보세요.

> **보기**
>
> 양보   욕심   반성   우애

세 아들이 [   ]을 부렸던 자신들의 행동을 [   ]하고 서로 [   ]하며 [   ] 있게 지내기를 바랐기 때문이다.

3 밑줄 친 ㉮에 따르면 세 아들은 소를 각각 몇 마리씩 갖게 되는지 구해 보세요.

첫째 아들 (   )

둘째 아들 (   )

셋째 아들 (   )

4 ㉠, ㉡, ㉢에 들어갈 수를 써 보세요.

㉠ (   )

㉡ (   )

㉢ (   )

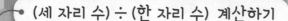

(세 자리 수) ÷ (한 자리 수) 계산하기

• (세 자리 수)÷(한 자리 수)의 계산은 (몇십몇)÷(몇)의 계산 방법과 같습니다.

$$
\begin{array}{r}
1\ 4\ 3 \text{ (몫)} \\
4\ )\overline{5\ 7\ 3} \\
4 \qquad \leftarrow 4 \times 100 \\
\overline{1\ 7} \qquad \leftarrow 570 - 400 \\
1\ 6 \qquad \leftarrow 4 \times 40 \\
\overline{1\ 3} \leftarrow 173 - 160 \\
1\ 2 \leftarrow 4 \times 3 \\
\overline{1} \leftarrow 13 - 12 \text{(나머지)}
\end{array}
$$

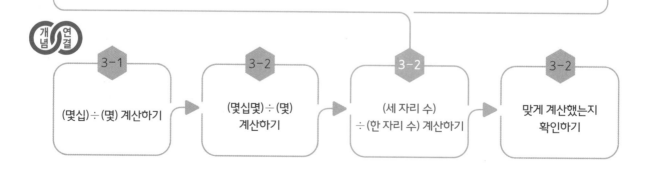

3-1	3-2	3-2	3-2
(몇십)÷(몇) 계산하기	(몇십몇)÷(몇) 계산하기	(세 자리 수) ÷(한 자리 수) 계산하기	맞게 계산했는지 확인하기

step 2 설명하기

질문 ❶ 275÷5를 세로로 계산하고, 그 과정을 설명해 보세요.

설명하기

$2 \div 5$ $27 \div 5$ $275 \div 5$

백의 자리에서 2를 5로 나눌 수 없습니다.
십의 자리에서 27을 5로 나누고 남은 2와 일의 자리 5를 합친 25를 5로 나눕니다.
275÷5=55이므로 몫은 55입니다.

질문 ❷ 405÷4를 세로로 계산하고, 그 과정을 설명해 보세요.

설명하기

$4 \div 4$ $40 \div 4$ $405 \div 4$

백의 자리에서 400÷4=100이므로 몫의 백의 자리는 1입니다.
십의 자리는 0이므로 몫의 십의 자리에 0을 씁니다.
일의 자리에서 5 안에 4가 1번 들어 있으므로 몫의 일의 자리에 1을 쓰면 1이 남습니다.
405÷4=101 … 1이므로 405÷4의 몫은 101, 나머지는 1입니다.

1 계산해 보세요.

(1) $266 \div 7$

(2) $456 \div 6$

2 나눗셈의 몫과 나머지를 구해 보세요.

(1)

$$3 \overline{) 4\ 7\ 2}$$

(2)

$$6 \overline{) 3\ 9\ 9}$$

몫 _____

나머지 _____

몫 _____

나머지 _____

3 큰 수를 작은 수로 나눈 몫을 빈칸에 써넣으세요.

(1)

3	417

(2)

204	6

4 나머지가 작은 것부터 순서대로 기호를 써 보세요.

㉠ $262 \div 4$ ㉡ $356 \div 5$ ㉢ $400 \div 6$

(   )

5 두 나눗셈식에서 같은 모양은 같은 수를 나타낼 때, 물음에 답하세요.

$$496 \div 2 = \bigcirc$$
$$\bigcirc \div 9 = 27 \cdots \triangle$$

(1) ○에 알맞은 수는 얼마일까요?

(   )

(2) △에 알맞은 수는 얼마일까요?

(   )

step 4 도전 문제

6 ㉠과 ㉡에 알맞은 수의 합을 구해 보세요.

```
        6 4
  7 ) 4 ㉠ ㉡
      4 □
      ─────
        □ □
        □ □
      ─────
          3
```

(   )

7 어떤 수를 5로 나누어야 할 것을 잘못하여 5를 곱했더니 865가 되었습니다. 바르게 계산한 몫과 나머지를 각각 구해 보세요.

몫 _____

나머지 _____

나눔을 실천한 김만덕

김만덕은 가난한 집안에서 태어나 12세에 부모님을 잃었다. 불우한 어린 시절을 보냈지만 제주도에 살면서 다른 지역에서 온 상인들에게 머물 곳을 제공하는 객주를 운영해 많은 재산을 모았다.

이때 제주도에는 자연재해가 계속되어 제주도민들이 굶주리게 되었다. 소식을 들은 임금이 제주도민들을 돕기 위해 쌀을 보냈지만 쌀을 싣고 오던 배가 그만 풍랑을 만나 침몰하고 말았다.

"아이고, 이제 우리 제주도민들은 꼼짝없이 굶어 죽겠구나."

제주도민들의 걱정이 커져 가던 때, 김만덕이 나섰다.

"굶주리는 제주도민들에게 내가 가진 돈으로 육지에서 쌀 500섬을 사 나누어 줄 것이다."

김만덕은 스스로의 힘으로 자수성가하여 엄청난 재산을 모으고, 그 재산을 이웃들과 나누었다. 이러한 김만덕에 대한 칭찬이 널리 퍼지자 임금은 큰 상을 내리기로 했다.

"무슨 소원이든 말해 보아라."

"제 소원은 금강산 구경입니다. 여성은 육지에 갈 수 없다는 법 때문에 제주도에서 태어나고 자란 여자들은 자유로이 돌아다닐 수가 없습니다."

김만덕이 주저 없이 대답하자 임금은 기꺼이 소원을 들어주었다.

"김만덕이 제주도에서 한양, 한양에서 금강산을 편히 오갈 수 있도록 하라."

김만덕이 금강산을 향해 떠나자 길목마다 사람들이 몰려나와 김만덕을 배웅했다.

김만덕의 업적을 기리기 위해 오늘날까지도 제주도에서는 김만덕 축제가 열리고 있으며, 쌀 나눔 행사 또한 이어지고 있다.

＊**불우하다**: 형편이 딱하고 어렵다.
＊**업적**: 노력하여 이루어 낸 일의 결과

1 이 글에서 '물려받은 재산 없이 자기 혼자의 힘으로 집안을 일으키고 재산을 모음'이라는 뜻을 가진 사자성어를 찾아 빈칸에 써넣으세요.

□□□□

2 이 이야기에서 사건이 일어난 순서대로 기호를 써 보세요.

> ㉠ 김만덕이 제주도에서 객주를 운영하여 많은 재산을 모았다.
> ㉡ 김만덕이 재산을 제주도민들에게 나누어 주었다.
> ㉢ 임금은 김만덕에게 금강산 구경이라는 상을 내렸다.
> ㉣ 김만덕이 12세 되던 해에 부모님이 돌아가셨다.
> ㉤ 자연재해가 발생하여 제주도민들이 굶주리게 되었다.

(   )

3 김만덕이 굶주리는 제주도민을 위해 쌀 500섬을 마을 4곳에 똑같이 나누어 주려면 마을 한 곳에 몇 섬씩 주어야 하는지 구해 보세요.

식 _____

답 _____

4 어느 마을 사람들이 김만덕으로부터 받은 쌀 125섬을 한 가구에 7섬씩 나누어 가지려고 합니다. 몇 가구가 가질 수 있고 몇 섬이 남는지 구해 보세요.

식 _____

답 _____

08
나눗셈

step 1 30초 개념

- 나눗셈을 맞게 계산했는지 확인할 수 있습니다.

$$16 \div 5 = 3 \cdots 1$$

몫
나누는 수   나머지

$$5 \times 3 = 15 \Rightarrow 15 + 1 = 16$$ 나누어지는 수

나누는 수 몫   나머지

나누는 수와 몫의 곱에 나머지를 더하면 나누어지는 수가 되어야 합니다.

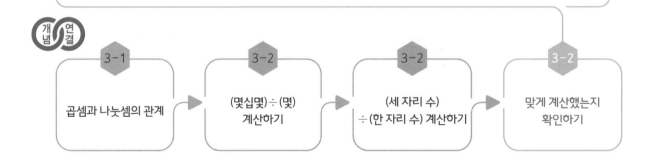

3-1	3-2	3-2	3-2
곱셈과 나눗셈의 관계	(몇십몇)÷(몇) 계산하기	(세 자리 수) ÷(한 자리 수) 계산하기	맞게 계산했는지 확인하기

step 2 설명하기

질문 ❶ 그림을 보고 나눗셈을 맞게 계산했는지 확인해 보세요.

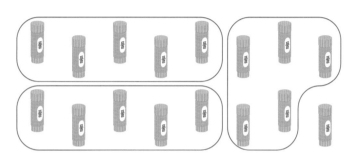

$$16 \div 5 = 3 \cdots 1$$

설명하기 풀 16개를 5개씩 묶으면 3묶음이 되고, 1개가 남습니다.
$16 \div 5 = 3 \cdots 1$, 즉 $16 \div 5$의 몫은 3이고 나머지는 1입니다.
묶음을 나타낸 그림을 보면
$$5 \times 3 = 15 \Rightarrow 15 + 1 = 16$$
즉, 나누는 수와 몫의 곱에 나머지를 더하면 나누어지는 수가 됩니다.

질문 ❷ 나눗셈을 맞게 계산했는지 설명해 보세요.

$$\begin{array}{r} 16 \\ 4 \overline{)\, 67} \\ \underline{4} \\ 27 \\ \underline{24} \\ 3 \end{array}$$

설명하기 $4 \times 16 = 64 \Rightarrow 64 + 3 = 67$은 나누어지는 수와 일치하므로 맞게 계산한 것을 확인할 수 있습니다.

1 ☐ 안에 알맞은 수를 써넣으세요.

(1) $57 \div 6 = 9 \cdots 3$ 　　확인　 $6 \times \boxed{} = 54 \Rightarrow 54 + \boxed{} = \boxed{}$

(2) $74 \div 9 = 8 \cdots 2$ 　　확인　 $9 \times \boxed{} = 72 \Rightarrow 72 + \boxed{} = \boxed{}$

2 나눗셈을 하고 맞게 계산했는지 확인해 보세요.

(1)
$$4 \overline{)5\ 9}$$

(2)
$$3 \overline{)4\ 3}$$

몫 _____

나머지 _____

확인 _____

➡ _____

몫 _____

나머지 _____

확인 _____

➡ _____

3 관계있는 것끼리 선으로 이어 보세요.

$46 \div 7$	・	・	몫: 6, 나머지: 4	・	・	$3 \times 7 = 21 \Rightarrow 21 + 2 = 23$
$23 \div 3$	・	・	몫: 6, 나머지: 3	・	・	$5 \times 6 = 30 \Rightarrow 30 + 3 = 33$
$33 \div 5$	・	・	몫: 7, 나머지: 2	・	・	$7 \times 6 = 42 \Rightarrow 42 + 4 = 46$

4 ☐ 안에 알맞은 수를 써넣으세요.

(1) ☐ ÷ 8 = 9 ⋯ 7

(2)
$$
6 \overline{\smash{)}\boxed{}}\quad \begin{array}{r} 1\ 6 \cdots 4 \end{array}
$$

step 4 도전 문제

5 보기 는 (세 자리 수)÷(한 자리 수)를 계산하고 맞게 계산했는지 확인한 식입니다. 물음에 답하세요.

보기

$$9 \times 23 = \bigcirc \Rightarrow \bigcirc + 6 = \triangle$$

(1) ○와 △를 구하여 계산한 나눗셈식을 써 보세요.

☐ ÷ ☐

(2) (1)의 몫과 나머지를 각각 구해 보세요.

몫 _____

나머지 _____

6 64를 어떤 수로 나누었더니 몫이 12, 나머지가 4였습니다. 어떤 수는 얼마인지 풀이 과정을 쓰고, 답을 구해 보세요.

풀이 과정

(   )

구두쇠의 금덩이

어느 마을에 재산이 많은 구두쇠가 살고 있었다. 욕심 많은 구두쇠에게는 고민이 하나 있었다.

"내가 아껴 모은 소중한 재산을 누가 훔쳐 갈까 걱정이 되어 잠을 잘 수가 없구나."

구두쇠는 고민 끝에 재산을 모두 금괴로 바꾸어 땅속에 묻어 두기로 했다. 금괴를 상자에 8 개씩 담고 나니 6상자가 만들어지고 2개가 남았다. 깜깜한 밤이 되기를 기다려 구두쇠는 상 자와 남은 금괴를 땅속에 파묻었다.

"이제 아무도 내 재산을 훔쳐 갈 수 없을 거야."

구두쇠는 매일 밤 금괴를 파내어 흐뭇하게 바라보다가 다시 파묻기를 반복했다.

그러던 어느 날 구두쇠를 수상하게 여긴 하인이 몰래 구두쇠를 따라갔다.

"매일 밤 집을 빠져나가서 새벽녘*이 다 되어 돌아오는 이유가 대체 뭘까?"

하인은 나무 뒤에 몸을 숨기고 구두쇠를 지켜보기 시작했다. 구두쇠가 한참 동안 땅을 파헤 치자 땅속에서 번쩍거리는 금괴가 나오는 것이 아닌가? 구두쇠가 떠나자 하인은 들고 도망칠 수 있는 만큼 금괴를 파내어 곧장 줄행랑치고* 말았다.

며칠 뒤 구두쇠는 소스라치게 놀랐다. 금괴를 묻어 둔 곳에는 금괴가 ㉠고작 34개뿐이었 다. 그리고 사라진 금괴 대신 똑같은 크기와 무게의 돌덩어리가 묻혀 있었다. 구두쇠는 이를 보고 ㉡아연실색했다. 그때 그곳을 지나가던 사람이 구두쇠의 사연을 듣고 이렇게 말했다.

"㉮돌덩어리를 금덩어리려니 생각하면 되지 않소?"

그제야 구두쇠는 자신의 어리석음을 깨닫고 후회했다.

* **새벽녘**: 날이 밝아 오는 때
* **줄행랑치다**: 피하여 달아나다.

1 밑줄 친 ㉠ 대신 쓸 수 있는 표현으로 가장 알맞은 것은? (   )

① 다행히   ② 불행히   ③ 겨우

④ 적당한   ⑤ 많은

2 다음 중 밑줄 친 ㉡의 뜻은? (   )

① 매우 슬퍼함   ② 얼굴빛이 변할 정도로 놀람

③ 몹시 화가 남   ④ 아깝게 생각함

⑤ 미련이 남아 서운해함

3 지나가던 사람이 밑줄 친 ㉮와 같이 말한 까닭으로 가장 적절한 것에 ○표 해 보세요.

구두쇠를 위해 일하던 하인이 금덩어리를 가지고 갔으므로	돌덩어리의 크기와 무게가 금덩어리와 똑같으므로	어차피 쓰지도 않는 금덩어리는 돌덩어리와 마찬가지이므로
( )	( )	( )

4 구두쇠가 땅속에 묻은 금괴는 몇 개인지 구해 보세요.

(   )

5 하인이 훔쳐 가고 남은 금괴를 상자 6개에 똑같이 나누어 담으려고 합니다. 물음에 답하세요.

(1) 한 상자에 몇 개씩 담고 남는 금괴는 몇 개인지 빈칸에 알맞은 수를 써넣으세요.

한 상자에 금괴를 ☐개씩 담고 ☐개가 남습니다.

(2) (1)을 맞게 계산했는지 확인해 보세요.

확인 _____ ➡ _____

09

원

step 1 　30초 개념

• 원에는 원의 중심, 원의 반지름, 원의 지름이 있습니다.

원의 지름　　　　　원의 중심

원의 반지름

개념 연결

2-1	2-1	3-2	3-2
동그란 모양	원의 특징 파악하기	원의 구성 요소	컴퍼스를 이용하여 원 그리기

step 2 설명하기

질문 ❶ ▶ 띠 종이와 누름 못을 이용하여 원을 3개 그려 보세요.

설명하기 ▷ 띠 종이를 누름 못으로 고정한 다음, 띠 종이의 구멍에 연필을 넣어 원을 그릴 수 있습니다.

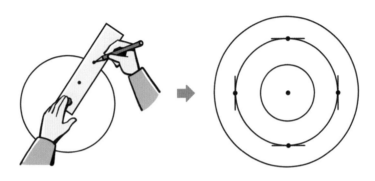

질문 ❷ ▶ 다음 원에 중심과 반지름, 지름을 모두 표시하고, 알 수 있는 성질을 설명해 보세요.

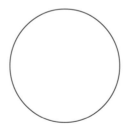

설명하기 ▷ 원의 중심을 알면 반지름과 지름을 그을 수 있습니다.
원에서 반지름은 원의 중심과 원 위의 아무 한 점을 연결한 선분입니다.
원에서 지름은 원의 중심을 지나는 선분입니다.
반지름의 길이를 재면 모두 같습니다.
지름의 길이를 재면 모두 같고 항상 반지름의 길이의 2배입니다.

원 59

1 원의 지름의 길이는 몇 cm인지 구해 보세요.

(   )

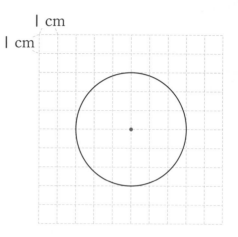

2 원의 중심을 찾아 점을 찍어 보세요.

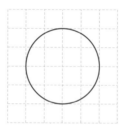

3 지름의 길이가 가장 긴 원부터 차례대로 기호를 써 보세요.

> ㉠ 지름의 길이가 **5 cm**인 원   ㉡ 반지름의 길이가 **6 cm**인 원
>
> ㉢ 지름의 길이가 **7 cm**인 원   ㉣ 반지름의 길이가 **2 cm**인 원

(   )

4 원의 성질을 잘못 설명한 사람은 누구인지 이름을 써 보세요.

한 원에 지름은 무수히 많습니다.

한 원에서 반지름의 길이는 지름의 길이의 2배입니다.

지름은 원 안에 그을 수 있는 가장 긴 선분입니다.

가을

겨울

여름

(   )

5 원의 지름과 반지름의 길이를 각각 구해 보세요.

지름 (　　　　　　　)

반지름 (　　　　　　　)

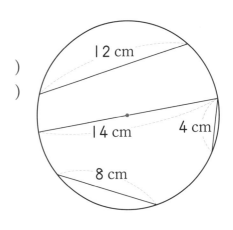

step **4** 도전 문제

6 서울특별시 지도 위의 두 지점 ㄱ과 ㄴ은 600 m만큼 떨어져 있습니다. ㄱ과 ㄴ을 중심으로 반지름의 길이가 200 m씩 커지는 원을 그린 그림을 보고 물음에 답하세요.

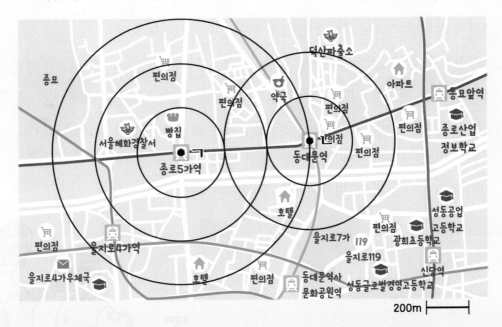

(1) ㄱ에서 400 m 떨어지고, ㄴ에서 200 m 떨어진 지점에 ○표 해 보세요.

(2) ㄱ에서 200 m 떨어지고, ㄴ에서 400 m 떨어진 지점에 ☆표 해 보세요.

사랑으로 굴리는 바퀴

아나운서: 여러분 안녕하세요? ABC 지역 방송 어린이 뉴스 시간입니다. 오늘 4월 26일, 호수 둘레길에서 우리 지역 어린이들이 자전거를 타고 달리는 '사랑으로 굴리는 바퀴' 행사가 열렸습니다. 사전에 참가 신청을 한 어린이 50명 전원이 자전거를 타고 호수 둘레길을 완주하였습니다. 행사 현장에 공혜림 기자가 나가 있습니다. 공 기자, '사랑으로 굴리는 바퀴' 행사에 대해 전해 주시기 바랍니다.

기자: 네, '사랑으로 굴리는 바퀴' 행사는 매년 봄, 어려운 상황에 처해 있는 어린이들에게 자전거를 선물하기 위해 필요한 기부금 마련을 목적으로 열리는 행사입니다. 참가 어린이들이 자전거를 타고 호수 둘레길 25킬로미터를 완주하면 어린이들을 응원하는 사람들이 기부금을 모아 전달합니다. 행사에 참가한 임설민 어린이의 소감을 직접 들어 보시겠습니다.

임설민: 자전거를 타고 달리는 도중에 힘들어서 포기하고 싶은 마음이 드는 순간도 있었지만, 둘레길을 완주하기 위해 노력한 때를 떠올리며 최선을 다해 페달을 밟았습니다. 다행히 무사히 완주하여 어려움을 겪고 있는 친구들에게 자전거를 선물하는 데 조금이나마 보탬이 될 수 있어서 무척 기쁩니다.

기자: 행사에 참가할 준비를 하는 과정에서 어려움은 없었는지요?

임설민: 자전거를 타고 25킬로미터를 달릴 수 있는 체력을 기르기 위해 매일 연습해야 했습니다. 게으름을 피우고 싶은 날도 있었고, 연습을 하다 가벼운 상처를 입기도 했습니다. 하지만 자전거를 선물 받고 기뻐할 친구들의 얼굴을 상상하면서 힘을 냈습니다.

기자: 지금까지, 친구들을 위해 자전거를 타고 달리는 어린이들의 따뜻한 마음을 느낄 수 있는 '사랑으로 굴리는 바퀴' 행사장에서 공혜림 기자였습니다.

*사전: 일을 시작하기 전
*완주하다: 목표한 지점까지 다 달리다.

1 이 뉴스의 주제는 무엇인지 빈칸에 알맞은 말을 써넣으세요.

☐☐☐☐☐ ☐☐☐☐ ☐☐행사

2 이 뉴스를 통해 알 수 있는 사실을 잘못 말한 친구의 이름을 써 보세요.

> 윤미: 행사는 4월 26일에 열렸어.
> 세준: 행사에 어린이 50명이 참가했어.
> 채린: 행사를 통해 마련된 기부금은 어려운 형편에 놓인 어린이들에게 선물할 자전거를 사는 데 사용돼.
> 연진: 행사에 참가한 어린이들이 자전거를 타고 50킬로미터를 다 달리면 어린이들을 응원하는 사람들이 기부금을 내.

(   )

3 다음 그림에서 자전거 바퀴의 원 모양을 보고 물음에 답하세요.

(1) 원의 중심과 반지름을 찾아 각각의 기호를 써 보세요.

원의 중심 (   ), 반지름 (   )

(2) 원의 지름과 반지름의 길이는 각각 몇 cm인지 구하고, 원의 지름과 반지름의 길이 사이의 관계를 설명해 보세요.

설명 _____

_____

• 컴퍼스를 이용하여 원 그리기

* **컴퍼스**: 원 등을 그릴 때 쓰는 기구
* **오륜기**: 올림픽에서 사용하는 깃발

step 1 30초 개념

• 컴퍼스를 이용하면 주어진 원과 크기가 같은 원을 정확히 그릴 수 있습니다.

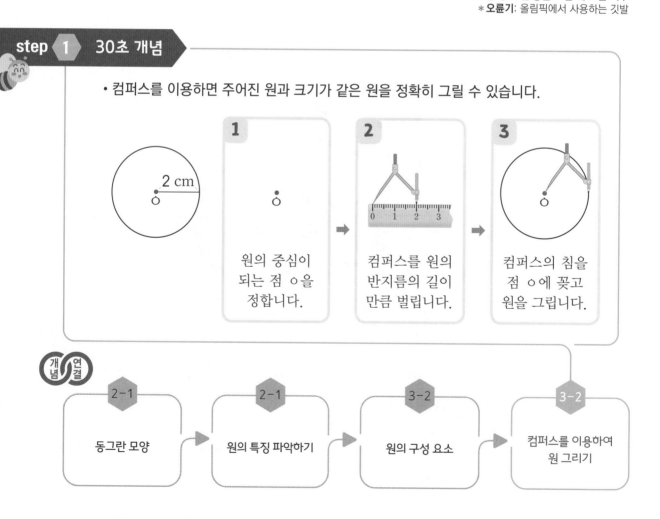

1 원의 중심이 되는 점 ㅇ을 정합니다.

2 컴퍼스를 원의 반지름의 길이 만큼 벌립니다.

3 컴퍼스의 침을 점 ㅇ에 꽂고 원을 그립니다.

개념연결

2-1 동그란 모양 → 2-1 원의 특징 파악하기 → 3-2 원의 구성 요소 → 3-2 컴퍼스를 이용하여 원 그리기

step 2 ﹥ 설명하기

질문 ❶ ﹥ 모눈종이에 크기가 같은 원을 2개 그려 보세요.

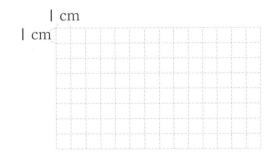

설명하기 ﹥ 모눈종이에 원의 중심을 2개 표시합니다.
컴퍼스를 이용하여 한 개의 중심에서 반
지름의 길이가 3 cm인 원을 하나 그립니다.
컴퍼스의 다리를 그대로 하여 또 다른 중
심에서 두 번째 원을 그립니다.
두 원은 모두 반지름의 길이가 3 cm이므
로 크기가 같습니다.

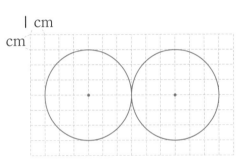

질문 ❷ ﹥ 다음 그림에서 규칙에 따라 원을 2개 더 그렸습니다. 규칙을 찾아 설명해 보세요.

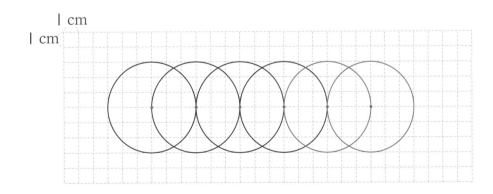

설명하기 ﹥ 원의 반지름의 길이는 변하지 않습니다.
원의 중심이 오른쪽으로 3칸씩 이동했습니다.
원의 중심이 이동한 거리는 반지름의 길이와 같습니다.

1 컴퍼스를 이용하여 반지름의 길이가 2 cm인 원을 그리려고 합니다. 순서에 맞게 차례대로 기호를 써 보세요.

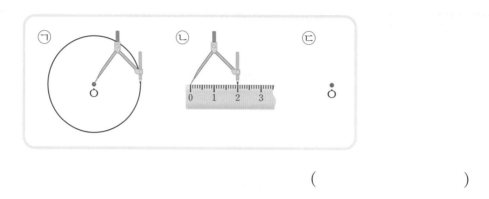

(   )

2 점 ○을 원의 중심으로 하여 반지름의 길이가 3 cm인 원을 그려 보세요.

3 컴퍼스를 이용하여 왼쪽과 크기가 같은 원을 그려 보세요.

4 영호는 규칙을 정해 다음과 같은 원을 그렸습니다. 가장 큰 원의 지름의 길이가 36 cm일 때 가장 작은 원의 지름의 길이는 몇 cm인지 구해 보세요.

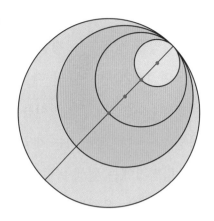

(   )

5 원을 이용하여 그린 여러 가지 모양을 보고 물음에 답하세요.

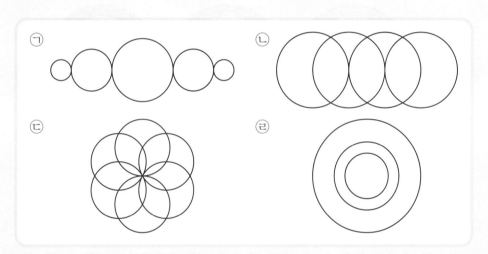

(1) 원의 중심을 움직이고 반지름의 길이를 같게 하여 그린 모양을 모두 찾아 기호를 써 보세요.

(   )

(2) 원의 중심을 움직이고 반지름의 길이를 다르게 하여 그린 모양을 모두 찾아 기호를 써 보세요.

(   )

(3) 원의 중심을 움직이지 않고 반지름의 길이를 다르게 하여 그린을 모양을 모두 찾아 기호를 써 보세요.

(   )

올림픽을 상징하는 올림픽기

올림픽을 상징하는 깃발인 올림픽기는 1913년 프랑스인인 쿠베르탱이 처음으로 생각해 냈으며 1920년 올림픽 때 처음으로 게양되었다.* 그 이후 올림픽이 열리는 경기장과 경기장 주변에는 올림픽에 참가하는 나라들의 국기와 함께 올림픽기가 걸리게 되었다. 올림픽기는 올림픽의 시작을 알리는 개막* 선언과 동시에 걸리고, 올림픽 폐막* 시에 내려진다.

올림픽기에는 흰색 바탕에 파랑, 노랑, 검정, 초록, 빨강의 5가지 색 원이 겹치게 그려져 있다. 원 5개는 올림픽에 참가하는 지구의 다섯 대륙인 아시아주, 유럽주, 아프리카주, 오세아니아주, 아메리카주를 나타낸다. 원들이 서로 겹쳐져 있는 모양은 전 세계에서 모인 선수들의 만남을 상징하며, 원들의 크기가 모두 같은 것은 전 세계인이 평등함을 강조하기 위한 것이다.

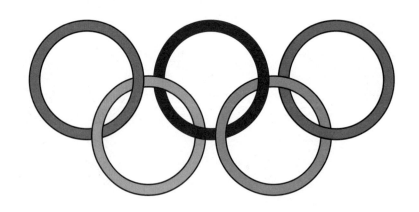

올림픽기의 위쪽에는 왼쪽에서부터 파란색, 검은색, 빨간색 원이 있고, 아래쪽에는 왼쪽에서부터 노란색과 초록색 원이 있다. 흰색 바탕은 국경을 뛰어넘어 전 세계인이 서로 평화롭게 화합한다는 의미다. 또한 파랑, 노랑, 검정, 초록, 빨강의 5가지 색은 세계 여러 나라 국기에서 가장 많이 쓰이는 색이다.

이처럼 올림픽기의 모양과 색은 전 세계인들이 힘과 마음을 모아 평화를 지키고자 하는 소망을 나타낸다.

＊**게양되다**: 깃발이 높이 걸리다.
＊**개막**: 행사를 시작함.
＊**폐막**: 행사를 끝냄.

1 다음 중 글을 읽고 알 수 있는 사실이 <u>아닌</u> 것은? (   )

① 올림픽기를 만든 사람

② 올림픽기가 처음 게양된 장소

③ 올림픽기의 원 5개가 나타내는 것

④ 올림픽기에 그려진 원들의 겹친 모양이 상징하는 것

⑤ 올림픽기에 쓰인 색의 의미

2 이 글을 읽고 올림픽기의 원들이 나타내는 것을 알맞게 연결해 보세요.

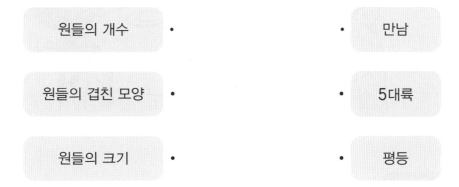

원들의 개수	·	·	만남
원들의 겹친 모양	·	·	5대륙
원들의 크기	·	·	평등

3 다음과 같이 올림픽기를 그렸습니다. 모양에 어떤 규칙이 있는지 보기 의 낱말을 모두 사용하여 설명해 보세요.

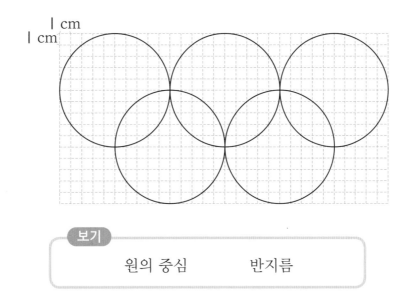

보기

원의 중심   반지름

설명 _____

step 1 30초 개념

- 똑같이 나누면 부분은 전체의 얼마인지 분수로 나타낼 수 있습니다.

  전체는 분모에, 부분은 분자에 해당하므로 분수로는 $\dfrac{(부분\ 묶음\ 수)}{(전체\ 묶음\ 수)}$ 와 같이 나타냅니다.

  오른쪽 그림에서 색칠한 부분은 3묶음(전체) 중에서 2 묶음(부분)이므로 전체의 $\dfrac{2}{3}$ 입니다.

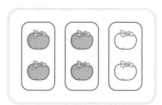

개념 연결

3-1	3-1	3-2	3-2
분수의 뜻	단위분수	전체를 똑같이 나누기	진분수와 가분수

step 2 설명하기

질문 ❶ 8의 $\frac{3}{4}$과 12의 $\frac{2}{3}$는 각각 얼마인지 알아보세요.

설명하기 8을 4묶음으로 똑같이 나눈 것 중 1묶음은 2입니다.

➡ 그러므로 8의 $\frac{3}{4}$은 6입니다.

12를 3묶음으로 똑같이 나눈 것 중 1묶음은 4입니다.

➡ 그러므로 12의 $\frac{2}{3}$는 8입니다.

질문 ❷ 10 m의 $\frac{1}{5}$과 10 m의 $\frac{3}{5}$은 몇 m인지 알아보세요.

```
0   1   2   3   4   5   6   7   8   9   10 m
```

설명하기 10 m를 5칸으로 똑같이 나누면 한 칸은 전체의 $\frac{1}{5}$입니다.

전체의 $\frac{1}{5}$을 색칠하면 한 칸의 길이는 2 m입니다.

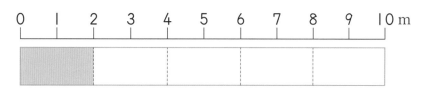

10 m의 $\frac{1}{5}$은 2 m이고, 10 m의 $\frac{3}{5}$은 6 m입니다.

1 색칠한 부분을 분수로 나타내어 보세요.

(1)

(   )

(2)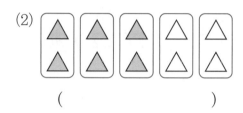

(   )

2 그림을 보고 ☐ 안에 알맞은 수를 써넣으세요.

(1)

24의 $\dfrac{3}{8}$은 ☐입니다.

(2)

0   7   14   21   28   35(cm)

35 cm의 $\dfrac{2}{5}$는 ☐cm입니다.

3 윤호는 사탕 30개를 5개씩 묶은 것 중에서 20개를 먹었습니다. 물음에 답하세요.

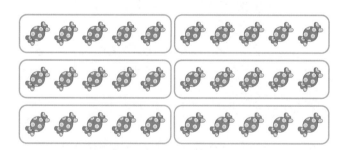

(1) 윤호가 먹은 사탕은 전체의 몇 분의 몇일까요?

(   )

(2) 윤호가 먹고 남은 사탕은 전체의 얼마인지 분수로 나타내고 몇 개인지 구해 보세요.

(,   )

4 ㉠~㉣의 값을 구하여 큰 것부터 차례대로 기호를 써 보세요.

- 15를 3씩 묶으면 9는 $\dfrac{㉠}{5}$입니다.
- 15를 5씩 묶으면 10은 $\dfrac{㉡}{3}$입니다.
- 20을 4씩 묶으면 16은 $\dfrac{㉢}{5}$입니다.
- 20을 2씩 묶으면 10은 $\dfrac{5}{㉣}$입니다.

(   )

5 똑같은 길이의 나무 막대 4개를 이어 붙였습니다. 물음에 답하세요.

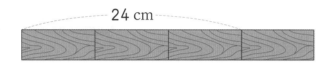

24 cm

(1) 전체 길이의 $\dfrac{3}{4}$이 24 cm일 때 나무 막대 한 개의 길이는 몇 cm일까요?

(   )

(2) 전체 길이는 몇 cm일까요?

(   )

step **4** 도전 문제

6 우유가 36개 있습니다. 이 중 $\dfrac{1}{4}$은 초코우유, $\dfrac{2}{9}$는 딸기우유, 나머지는 바나나우유일 때, 초코우유, 딸기우유, 바나나우유는 각각 몇 개인지 구해 보세요.

초코우유 (   ), 딸기우유 (   ), 바나나우유 (   )

7 어떤 수의 $\dfrac{3}{5}$이 18일 때, 어떤 수의 $\dfrac{2}{6}$는 얼마인지 풀이 과정을 쓰고 답을 구해 보세요.

풀이 과정 _____

답 _____

윷놀이

"윷 나와라!"

"모 나와라!"

정월 초하루*부터 정월 대보름 사이에 주로 울려 퍼지는 이 소리는 우리나라 전래 놀이인 윷놀이를 즐기는 소리이다. 윷놀이는 윷판을 펼칠 자그마한 공간만 있으면 언제 어디서나 즐길 수 있는 민속놀이이다.

윷놀이에는 한 뼘 정도 길이의 곧고 둥근 막대기를 둘로 갈라서 만든 4개의 윷과 윷판, 말판, 말이 필요하다. 윷놀이에 참여하는 사람들은 편을 가르고 한편에 말을 4개씩 준비한다.

윷판을 깔고 윷가락을 던지면, 윷가락이 굴러서 엎어질 듯하다가 젖혀지거나 젖혀질 듯하다가 엎어지면서 '도', '개', '걸', '윷', '모'의 다섯 가지 경우가 생겨난다. 윷 4개 중 한 개가 젖혀지면 '도'이므로 이때는 말판 위 자기편 말을 한 자리 움직인다. 2개가 젖혀지면 '개'이므로 말을 두 자리 움직이고, 3개가 젖혀지면 '걸'이므로 세 자리, 4개가 모두 젖혀지면 '윷'이므로 네 자리를 움직인다. 만일 윷 4개가 모두 엎어지면 '모'이므로 다섯 자리를 움직인다.

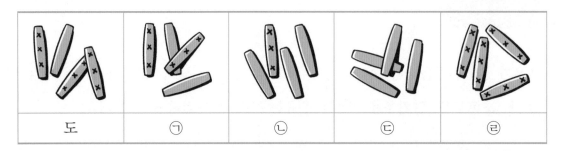

도	㉠	㉡	㉢	㉣

윷놀이를 하면서 "윷 나와라!" 또는 "모 나와라!" 하고 외치는 까닭은 '윷'이나 '모'가 나오면 한 번 더 던질 수 있기 때문이다. 상대편 말을 잡거나 자기편 말이 잡히지 않고 달아나기를 바라며 '도', '개', '걸', '윷', '모' 중 한 가지를 외치기도 한다.

먼저 출발점으로 돌아오기 위해 서로의 말을 잡고 잡히면서 한참을 어울려 놀다 보면 번뜩이는 지혜뿐만 아니라 다른 사람들과 어울려 살아가는 법을 배울 수도 있다.

*정월 초하루: 설날
*번뜩이다: 생각 따위가 갑자기 머릿속에 떠오르다.

1 이 글에 나온 내용이 <u>아닌</u> 것은? (   )

① 윷놀이를 주로 하는 시기   ② 윷놀이의 유래
③ 윷놀이를 할 때 필요한 준비물   ④ 윷놀이를 하는 방법
⑤ 윷놀이를 하면 좋은 점

2 ㉠~㉣에 알맞은 낱말을 글에서 찾아 써 보세요.

㉠ (   ), ㉡ (   ), ㉢ (   ), ㉣ (   )

3 정월 대보름에 모인 가족 12명을 똑같이 세 팀으로 나누어 윷놀이를 하려고 합니다. 한 팀을 이루는 사람은 몇 명인지 구해 보세요.

(   )

4 주머니 안에 든 말 20개의 $\frac{3}{5}$을 윷놀이에 사용했을 때, 윷놀이에 사용한 말은 몇 개인지 구해 보세요.

(   )

5 윷놀이에 사용한 말 12개 중에서 $\frac{3}{4}$만큼이 출발점으로 돌아왔다면, 남은 말은 몇 개일까요?

(   )

12
분수

step 1 30초 개념

- 진분수와 가분수를 알 수 있습니다.

  - $\dfrac{1}{4}$, $\dfrac{2}{4}$, $\dfrac{3}{4}$과 같이 분자가 분모보다 작은 분수를 진분수라고 합니다.

  - $\dfrac{4}{4}$, $\dfrac{5}{4}$와 같이 분자가 분모와 같거나 분모보다 큰 분수를 가분수라고 합니다.

  - $\dfrac{4}{4}=1$, $\dfrac{8}{4}=2$, $\dfrac{12}{4}=3$입니다. 1, 2, 3과 같은 수를 자연수라고 합니다.

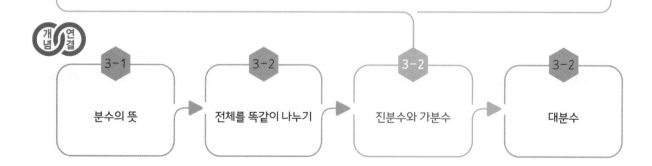

개념 연결

3-1	3-2	3-2	3-2
분수의 뜻	전체를 똑같이 나누기	진분수와 가분수	대분수

step 2 설명하기

질문 ❶ 분모가 4인 분수를 수직선에 나타내고 진분수와 가분수로 분류해 보세요.

설명하기

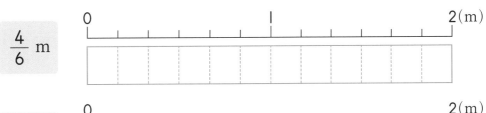

질문 ❷ 분수만큼 색칠해 보세요.

$\frac{4}{6}$ m

$\frac{10}{6}$ m

설명하기

$\frac{4}{6}$ m

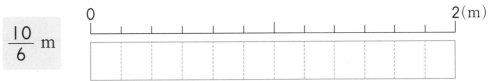

$\frac{10}{6}$ m

1 주어진 분수를 진분수와 가분수로 분류해 보세요.

$$\frac{3}{5} \qquad \frac{4}{9} \qquad \frac{15}{7} \qquad \frac{7}{11} \qquad \frac{40}{9} \qquad \frac{2}{3}$$

진분수 (   )

가분수 (   )

2 분모가 5인 진분수를 모두 써 보세요.

(   )

3 보기 의 분수를 수직선에 ↓로 각각 나타내어 보세요.

보기

$$\frac{5}{9} \qquad \frac{13}{9} \qquad \frac{17}{9}$$

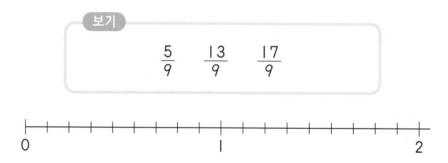

4 $\frac{7}{7}$이 진분수가 <u>아닌</u> 이유를 써 보세요.

이유 _____

_____

5 분모가 6일 때 분자가 가장 작은 가분수를 써 보세요.

(   )

6 자연수를 분수로 <u>잘못</u> 나타낸 사람의 이름을 쓰고, 바르게 나타내어 보세요.

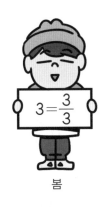
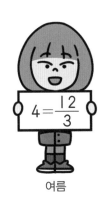

봄   여름

(,   )

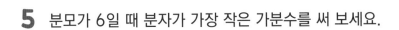

step **4** 도전 문제

7 4장의 수 카드 ③ , ④ , ⑥ , ⑨ 중 2장을 골라 만들 수 있는 가분수를 모두 써 보세요.

(   )

8 ☐ 안에 알맞은 분수를 써넣으세요.

봄

내가 도움말을 3개 말할게.
내가 생각하고 있는 수를
알아맞혀 봐.

좋아. 재미있겠다.

여름

봄

첫째, 가분수야.
둘째, 분모와 분자의 합은 14야.
셋째, 분모와 분자의 차는 6이야.

정답은 ☐ !

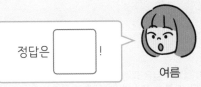
여름

엿장수 마음대로

옛날에는 엿장수가 이 마을 저 마을 돌아다니며 엿을 팔았다. 커다란 엿가위 소리가 들리면 아이들은 저마다 고물[*]을 찾아내기 위해 온 집 안을 샅샅이 뒤지기 시작했다. 금이 간 그릇, 찌그러진 냄비, 유리병 등 더는 쓸모없는 물건들을 엿장수에게 들고 가면 둥근 모양으로 길고 가늘게 뽑은 가락엿으로 바꾸어 먹을 수 있었다.

엿장수는 엿을 늘였다 줄였다 하면서 가락엿을 뽑아내는데, 이러한 모습에서 무슨 일을 제 마음대로 이랬다저랬다 할 때 쓰는 말인 '엿장수 마음대로'라는 속담이 생겨났다.

예전에는 오늘날과 달리 쉽게 구할 수 있는 맛있는 간식거리가 흔치[*] 않았다. 그래서 아이들이 ㉠집 안에 있는 멀쩡한[*] 물건들을 몰래 가져가 엿과 바꾸는 바람에 어른들에게 크게 혼이 나기도 했다.

엿장수가 끌고 다니는 수레에 얹혀 있는 엿판 위에는 기다란 가락엿이 여러 개 놓여 있었다. 엿장수는 아이들이 건네는 고물의 많고 적음이나 좋고 나쁨에 따라 기다란 가락엿을 엿가위로 잘라 주었다. 침을 꿀꺽 삼키며 설레는 마음으로 엿을 건네받은 아이들은 엿의 길이가 길면 기뻐하고 짧으면 실망하기도 했다.

입에서 달콤하게 녹아내리는 그 맛을 그리워하는 사람들 덕분에 엿은 여전히 사랑받는 우리나라의 전통 간식이다.

＊**고물**: 헐거나 낡은 물건
＊**흔하다**: 자주 있거나 일어나서 쉽게 접할 수 있다.
＊**멀쩡하다**: 흠 없이 아주 바르고 옳다.

1 다음 중 '엿장수 마음대로'를 알맞게 사용한 사람은 누구인지 이름에 ○표 해 보세요.

시장에서 잘 익은 사과를 잔뜩 쌓아 놓고 팔고 있어. 엿장수 마음대로라더니, 맛있는 사과를 마음껏 사 먹을 수 있어서 좋아.

봄

엿장수 마음대로라더니, 조금 전에 동생이 나에게 사탕을 주겠다고 했는데, 지금은 주지 않겠다고 해.

가을

2 그림을 보고 □ 안에 알맞은 분수를 써넣으세요.

(1)

(2)

3 그림을 보고 대화 내용 중 진분수와 가분수를 각각 찾아 써 보세요.

진분수 (   ), 가분수 (   )

4 아이들이 밑줄 친 ㉠과 같이 행동한 까닭은? (   )

① 엿을 뽑는 모습을 보고 싶은 마음에   ② 흔치 않은 엿을 구경하고 싶은 마음에
③ 엿을 먹고 싶은 마음에   ④ 쓸모없는 물건을 버리고 싶은 마음에
⑤ 어른들에게 칭찬받고 싶은 마음에

13 분수 ● 대분수

step 1 30초 개념

• 대분수를 알 수 있습니다.

－ 1과 $\frac{1}{4}$은 1$\frac{1}{4}$이라 쓰고, 1과 4분의 1이라고 읽습니다.

－ 1$\frac{1}{4}$과 같이 자연수와 진분수로 이루어진 분수를 대분수라고 합니다.

－ $\frac{3}{4}$은 진분수, $\frac{5}{4}$는 가분수, 1$\frac{1}{4}$은 대분수입니다. 분수는 이 세 종류가 있습니다.

＊대분수는 "큰 대"가 아닌 "띠 대"를 써요. 그 이유는 허리에 띠를 두른 모습을 하고 있기 때문입니다.

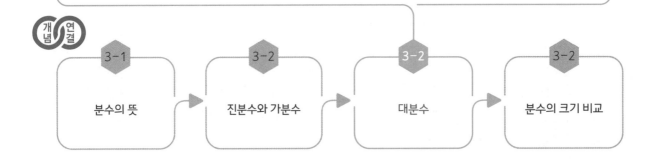

step 2 설명하기

질문 ❶ 1과 $\frac{3}{4}$만큼을 색칠하고 대분수로 써 보세요.

설명하기 1과 $\frac{3}{4}$만큼을 색칠하면 다음과 같습니다.

1과 $\frac{3}{4}$은 $1\frac{3}{4}$으로 표현할 수 있습니다.

대분수 $1\frac{3}{4}$은 덧셈으로 $1\frac{3}{4} = 1 + \frac{3}{4}$과 같이 나타낼 수도 있습니다.

질문 ❷ 다음 대분수를 가분수로, 가분수를 대분수로 나타내어 보세요.

(1) $2\frac{1}{2}$　　　　(2) $3\frac{3}{4}$　　　　(3) $\frac{7}{3}$　　　　(4) $\frac{9}{2}$

설명하기 (1) $2 = \frac{4}{2}$에서 $2\frac{1}{2}$은 $\frac{1}{2}$이 5개이므로 $2\frac{1}{2} = \frac{5}{2}$

(2) $3 = \frac{12}{4}$에서 $3\frac{3}{4}$은 $\frac{1}{4}$이 15개이므로 $3\frac{3}{4} = \frac{15}{4}$

(3) $\frac{6}{3} = 2$에서 $\frac{7}{3} = 2 + \frac{1}{3} = 2\frac{1}{3}$

(4) $\frac{8}{2} = 4$에서 $\frac{9}{2} = 4 + \frac{1}{2} = 4\frac{1}{2}$

1 대분수를 읽어 보세요.

(1) $2\dfrac{3}{8}$ (   )   (2) $5\dfrac{4}{9}$ (   )

2 수 카드를 한 번씩만 사용하여 진분수, 가분수, 대분수를 하나씩 만들어 보세요.

| 1 | 2 | 3 | 4 | 5 | 6 | 7 |

진분수 (   )
가분수 (   )
대분수 (   )

3 대분수의 ☐ 안에 들어갈 수 있는 수를 모두 써 보세요.

(   )

4 대분수는 가분수로, 가분수는 대분수로 나타내어 보세요.

(1) $1\dfrac{1}{6}$ (2) $\dfrac{25}{8}$

(3) $3\dfrac{2}{7}$ (4) $\dfrac{26}{4}$

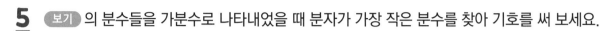

5 보기 의 분수들을 가분수로 나타내었을 때 분자가 가장 작은 분수를 찾아 기호를 써 보세요.

> **보기**
>
> ㉠ $5\dfrac{2}{3}$ ㉡ $3\dfrac{3}{4}$ ㉢ $2\dfrac{1}{9}$

(   )

6 ㉠과 ㉡에 알맞은 수 중 더 작은 것의 기호를 써 보세요.

$$\dfrac{20}{7} = 2\dfrac{㉠}{7} \qquad \dfrac{33}{10} = ㉡\dfrac{3}{10}$$

(   )

step **4** 도전 문제

7 $6\dfrac{\square}{4}$에서 □에 가장 큰 수가 들어갈 때 만들어지는 대분수를 가분수로 나타내어 보세요.

(   )

8 주어진 조건을 모두 만족하는 분수를 구해 보세요.

> • 대분수입니다.
> • 2보다 크고 3보다 작습니다.
> • 분모는 11입니다.
> • 분모와 분자의 합은 18입니다.

(   )

아버지의 포도밭

옛날 어느 마을에 아버지와 아들이 살고 있었다. 아버지는 아주 넓고 기름진* 포도밭을 일구며 살아가는 농사꾼이었다. 아버지는 포도밭을 돌볼 때마다 아들에게 말했다.

"아들아, 맛있는 포도를 따기 위해서는 울타리를 튼튼하게 만들어야 한단다."

그러나 욕심 많은 아들은 퉁명스럽게 대답했다.

"에이, 그보다는 포도를 많이 따는 게 더 중요해요. 4 km와 $\frac{8}{9}$ km나 되는 울타리를 없애고 그 땅에 포도나무를 더 심으면 포도를 더 많이 딸 수 있어요."

아버지는 걱정스러운 표정으로 말했다.

"아들아, 작은 것을 얻기 위해 욕심을 부리다가는 큰 것을 잃기 마련이란다."

하지만 아들은 콧방귀를 뀌며* 들은 체도 하지 않았다. 몇 년이 지나고 아버지가 세상을 떠나자 아들이 포도밭을 물려받게 되었다.

"당장 저 울타리부터 없애 버려야지."

그 모습을 지켜보던 마을 사람들이 너도나도 말렸지만 아들은 아랑곳하지 않고 울타리를 허물기 시작했다.

울타리의 길이가 ㉠ $3\frac{6}{7}$ km가 되자 여우들이 포도밭에 숨어들어 포도를 따 먹고는 사라졌다. 다음 날 울타리의 길이가 ㉡ $\dfrac{27}{\boxed{}}$ km가 되자 낮에는 새들이 날아들어 포도를 쪼아 먹고, 밤에는 도둑이 들어 포도를 훔쳐 갔다. 얼마 지나지 않아 포도는 눈에 띄게 줄어들었다. 그리고 지나가는 사람들에게 밤낮없이 시달리던 포도나무는 결국 말라 죽고 말았다. 텅 빈 포도밭을 망연자실 바라보던 아들은 그제야 아버지가 울타리를 튼튼하게 만들어야 한다고 말했던 이유를 깨닫고 후회했다.

* **기름지다**: 땅이 매우 양분이 많다.
* **콧방귀를 뀌다** : 못마땅하여 남의 말을 들은 체 만 체 말대꾸를 하지 않는다.

1 이 글에서 다음 문장이 뜻하는 사자성어를 찾아 써 보세요.

> 멍하니 정신을 잃다.

☐☐☐☐

2 이 이야기에서 배울 점을 바르게 말한 사람은 누구인지 이름에 ○표 해 보세요.

> 공부하기 싫을 때도 있지만 커서 내 꿈을 이루려면 열심히 해야지.

봄

> 나중에 후회하지 않게 당장 재미있는 게임을 실컷 해야겠어.

여름

3 아버지가 만든 포도밭의 울타리는 몇 km인지 대분수로 나타내고, 읽어 보세요.

쓰기 (   )   읽기 (   )

4 밑줄 친 ㉠을 가분수로 나타내어 보세요.

(   )

5 밑줄 친 ㉡이 $2\dfrac{7}{\square}$ 과 같을 때 ☐ 안에 알맞은 수를 구해 보세요.

(   )

14
분수

step 1 · 30초 개념

• 분모가 같은 분수의 크기를 비교할 수 있습니다.

① 분모가 같은 가분수끼리의 크기 비교에서는 분자의 크기가 큰 가분수가 더 큽니다.

➡ $\dfrac{7}{5} < \dfrac{9}{5}$, $\dfrac{11}{7} > \dfrac{10}{7}$

② 분모가 같은 대분수끼리의 크기 비교에서는 먼저 자연수의 크기를 비교하고 자연수의 크기가 같으면 진분수의 크기를 비교합니다.

➡ $2\dfrac{3}{5} > 1\dfrac{4}{5}$, $1\dfrac{1}{4} < 1\dfrac{2}{4}$

③ 가분수와 대분수의 크기 비교는 가분수를 대분수로 나타내거나 대분수를 가분수로 나타내어 ① 또는 ②와 같은 방법으로 크기를 비교합니다.

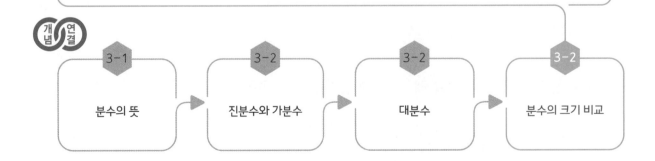

step 2 설명하기

질문 ❶ ▷ 그림을 이용하여 $2\dfrac{1}{4}$과 $1\dfrac{3}{4}$의 크기를 비교해 보세요.

  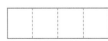

설명하기 ▷ $2\dfrac{1}{4}$과 $1\dfrac{3}{4}$만큼 색칠하면 $2\dfrac{1}{4} > 1\dfrac{3}{4}$임을 알 수 있습니다.

    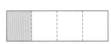

 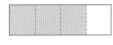 

질문 ❷ ▷ $\dfrac{16}{5}$과 $3\dfrac{2}{5}$의 크기를 2가지 방법으로 비교해 보세요.

설명하기 ▷ ① 대분수 $3\dfrac{2}{5}$를 가분수로 나타내면 $\dfrac{17}{5}$이고, $\dfrac{17}{5}$은 $\dfrac{16}{5}$보다 크므로 $3\dfrac{2}{5}$가

$\dfrac{16}{5}$보다 큽니다.

② 가분수 $\dfrac{16}{5}$을 대분수로 나타내면 $3\dfrac{1}{5}$이고, $3\dfrac{1}{5}$은 $3\dfrac{2}{5}$보다 작으므로 $\dfrac{16}{5}$은

$3\dfrac{2}{5}$보다 작습니다.

분모가 같은 가분수와 대분수는 가분수를 대분수로 나타내거나 대분수를 가분수로 나타내어 크기를 비교할 수 있습니다.

1 다음 중 더 큰 분수를 만든 사람은 누구인지 이름을 써 보세요.

나는 $\frac{1}{6}$이 15개인 수를 만들었어.

$\frac{13}{6}$을 만들었어.

가을

겨울

(   )

2 빨간색 끈과 초록색 끈 중에서 어떤 끈의 길이가 더 긴지 써 보세요.

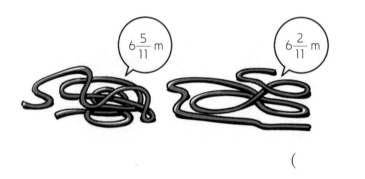

$6\frac{5}{11}$ m

$6\frac{2}{11}$ m

(   )

3 $6\frac{1}{5}$보다 작은 분수를 모두 찾아 ○표 해 보세요.

$$6\frac{2}{5} \qquad 4\frac{3}{5} \qquad 3\frac{4}{5} \qquad 7\frac{1}{5}$$

4 두 분수의 크기를 비교하여 ○ 안에 >, =, <를 알맞게 써넣으세요.

(1) $\frac{21}{9}$ ○ $\frac{23}{9}$

(2) $3\frac{2}{7}$ ○ $4\frac{5}{7}$

(3) $2\frac{5}{8}$ ○ $2\frac{3}{8}$

(4) $\frac{23}{5}$ ○ $4\frac{3}{5}$

5 가장 큰 분수부터 순서대로 써 보세요.

$$3\frac{2}{6} \qquad \frac{25}{6} \qquad \frac{19}{6}$$

(   )

6 ☐ 안에 들어갈 수 있는 자연수를 모두 구해 보세요.

$$\frac{9}{5} > 1\frac{\square}{5}$$

(   )

step **4** 도전 문제

7 체육 시간에 공 멀리 던지기를 했습니다. 봄이의 기록은 $5\frac{3}{4}$ m, 여름이의 기록은 $\frac{21}{4}$ m, 가을이의 기록은 $\frac{25}{4}$ m일 때 공을 멀리 던진 사람부터 차례대로 이름을 써 보세요.

(,   ,   )

8 오늘 가을이는 수학 공부를 $1\frac{4}{6}$시간, 국어 공부를 $\frac{8}{6}$시간 했습니다. 어떤 과목을 몇 분 더 공부했는지 구해 보세요.

(   ) 과목 공부를 (   )분 더 했습니다.

고생 끝에 낙이 온다

옛날 어느 마을에 부잣집에서 머슴살이를 하는 복동이와 덕만이가 있었다. 틈만 나면 게으름을 피우는 복동이와 달리 덕만이는 꾀를 부리지 않고 밤낮으로 열심히 일했다.

3년에 걸친 두 소년의 머슴살이가 끝나는 날, 부자가 복동이와 덕만이를 불렀다. 그리고 두 소년에게 이렇게 말했다.

"그동안 맡은 일을 열심히 한 너희들에게 무척 고맙구나. 마지막으로 한 가지만 더 일해 주겠니? 새끼줄 몇 가닥을 가늘게 꼬아 주렴."

부자의 말을 듣고 복동이가 새끼줄을 꼬며 투덜거렸다.

"3년 동안 최선을 다해 일했건만 머슴살이가 끝나는 날까지 일을 시키다니 정말 너무하는군."

$2\frac{4}{7}$ m $\frac{11}{7}$ m

복동이는 위와 같이 새끼줄 두 가닥을 두껍게 대충 꼬아 놓고 밖으로 놀러 나가 버렸다. 반면에 덕만이는 한참 동안 새끼줄 세 가닥을 열심히 꼬았다.

'이 집을 떠나는 순간까지 내가 할 수 있는 최선을 다해야지.'

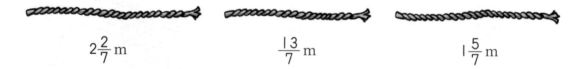

$2\frac{2}{7}$ m $\frac{13}{7}$ m $1\frac{5}{7}$ m

잠시 후 부자는 복동이와 덕만이를 다시 불렀다.

"이 항아리 안에는 엽전이 가득 들어 있다. 너희들이 꼰 새끼줄에 엽전을 꿰어 갈 수 있는 만큼 꿰어서 가져가거라. 내가 너희들에게 주는 선물이다."

새끼줄을 두껍게 꼰 복동이는 엽전을 꿸 수 없었지만 새끼줄을 가늘게 꼰 덕만이는 엽전을 잔뜩 꿸 수 있었다.

"고생 끝에 낙이 왔구나."

묵직한 엽전 꾸러미를 어깨에 지고 집으로 떠나는 덕만이의 얼굴에 웃음꽃이 활짝 피었다.

＊**머슴살이**: 남의 머슴 노릇을 하는 일

1 '고생 끝에 낙이 온다'와 연결 지을 수 있는 내용을 각각 선으로 이어 보세요.

고생 ·

끝에 ·

낙이 온다 ·

· 머슴살이

· 엽전 꾸러미

· 머슴살이가 끝나는 날

2 보기 와 같이 '고생 끝에 낙이 온다'에 알맞은 문장을 만들어 보세요.

> 보기
>
> 고생 끝에 낙이 온다더니, 매일 한 시간씩 수학 공부를 했더니 수학 시험에서 100점을 맞았어.

고생 끝에 낙이 온다더니,

_____

3 복동이가 꼰 새끼줄 두 가닥의 길이를 비교하여 더 긴 새끼줄의 길이를 써 보세요.

(   )

4 덕만이가 꼰 새끼줄 세 가닥의 길이를 비교하여 가장 짧은 새끼줄의 길이를 써 보세요.

(   )

5 복동이와 덕만이가 꼰 새끼줄 중 $\frac{12}{7}$ m보다 길고 $2\frac{3}{7}$ m보다 짧은 새끼줄을 모두 찾아 그 길이를 써 보세요.

(   )

들이의 단위와 들이 비교하기

step 1 30초 개념

- 들이의 표준 단위에는 리터와 밀리리터가 있습니다.
  1 리터는 1 L, 1 밀리리터는 1 mL라고 씁니다.

$$1 L = 1000 mL$$

| L
| mL

이만큼의 양을
1 L라고 해요.

10 cm
10 cm
10 cm

1 L

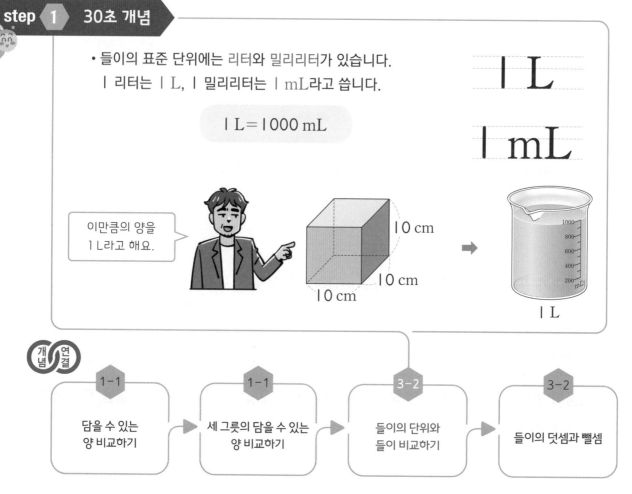

개념연결

1-1
담을 수 있는
양 비교하기

1-1
세 그릇의 담을 수 있는
양 비교하기

3-2
들이의 단위와
들이 비교하기

3-2
들이의 덧셈과 뺄셈

step 2 설명하기

질문 ❶ 매실주스를 1 L와 200 mL 넣었더니 유리병이 가득 찼습니다. 유리병의 들이를 여러 가지 방법으로 표시하고 읽어 보세요.

설명하기 유리병의 들이는 1 L보다 200 mL 더 많습니다.

1 L보다 200 mL 더 많은 들이를 1 L 200 mL라 쓰고 1 리터 200 밀리리터라고 읽습니다.

1 L=1000 mL이므로 1 L 200 mL=1200 mL입니다.

질문 ❷ 그릇이나 병의 들이에 알맞은 단위를 선택하고, 그 이유를 설명해 보세요.

약 2000(mL, L)   약 300(mL, L)   약 35(mL, L)   약 1(mL, L)

설명하기 간장병은 1000 mL 우유갑을 두 개 정도 합한 들이이므로 2000 mL가 적절합니다.

300 mL는 200 mL 우유갑보다 들이가 조금 더 많은 것이므로 욕조의 들이로 적절하지 않습니다. 욕조의 들이는 300 L가 적절합니다.

35 L는 1 L 우유갑 35개를 합한 들이이므로 약병의 들이로 적절하지 않습니다. 약병의 들이는 35 mL가 적절합니다.

1 mL는 아주 적은 양이므로 기름병의 들이는 1 L가 적절합니다.

1 주어진 들이를 쓰고 읽어 보세요..

(1) 3 L

쓰기 _____ 읽기 _____

(2) 700 mL

쓰기 _____ 읽기 _____

(3) 1 L 500 mL

쓰기 _____ 읽기 _____

2 과학 시간에 해, 달, 별 모둠이 각각 간이 정수기를 이용하여 깨끗한 물을 만들었습니다. 그림을 보고 각 모둠이 만든 깨끗한 물의 양을 나타내어 보세요.

모둠	해	달	별
물의 양	1 L 1 L 1 mL	1 L 100 mL	1 L 100 mL 1 mL
	☐ mL	☐ mL	☐ mL
	= ☐ L ☐ mL	= ☐ L ☐ mL	= ☐ L ☐ mL

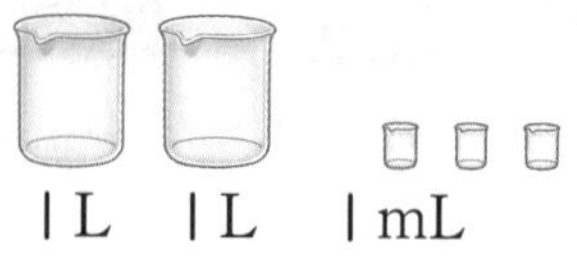

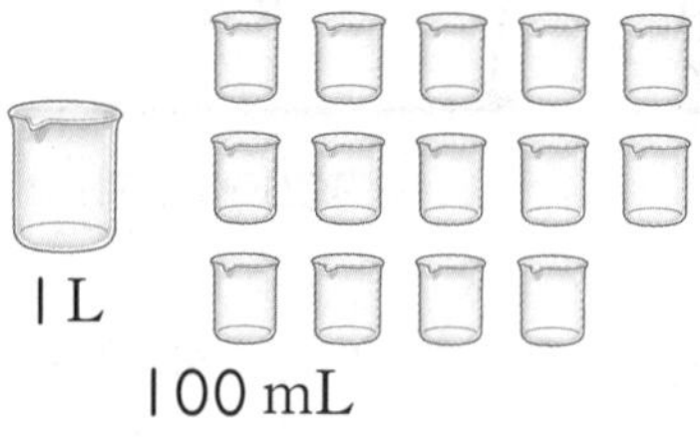

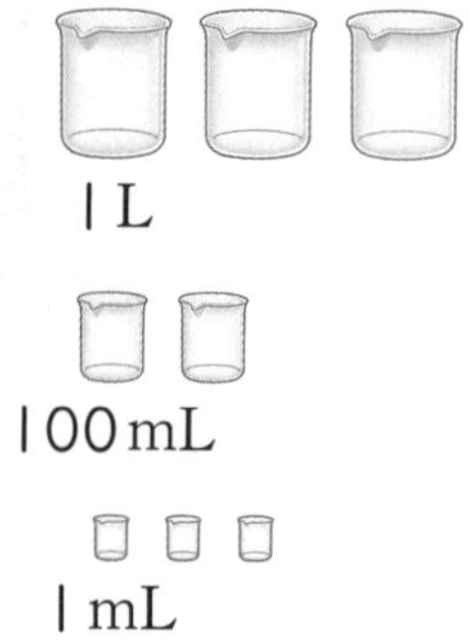

3 우리 주변의 물건에서 mL와 L를 알아보려고 합니다. 물음에 답하세요.

(1) 알맞은 단위에 ○표 해 보세요.

가	 5 (mL , L)	라	300 (mL , L)
나	30 (mL , L)	마	500 (mL , L)
다	1.8 (mL , L)	바	800 (mL , L)

(2) (1)에서 양이 많은 순서대로 기호를 써 보세요.

(   )

4 ☐ 안에 알맞은 수를 써넣으세요.

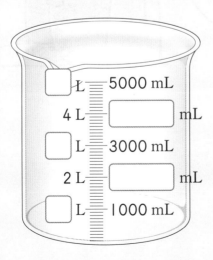

☐ L ── 5000 mL

4 L ── ☐ mL

☐ L ── 3000 mL

2 L ── ☐ mL

☐ L ── 1000 mL

5 정수기를 구매하려고 합니다. 빗물 10 L를 부었을 때 깨끗하게 정화되는 물의 양이 다음과 같을 때, 어느 회사의 정수기를 구매하는 것이 좋을지 써 보세요.

샘물회사	맑음회사
9170 mL	8 L 870 mL

(   )

밑 빠진 독에 물 붓기

먼 옛날 한 소녀가 살고 있었다. 마을에서 큰 잔치가 열리는 날, 소녀의 어머니는 소녀에게 신신당부하며 길을 나섰다.

"애야, 이 어미는 잔치 준비를 하러 먼저 떠나마. 너는 앞마당에 내어놓은 독들에 물을 가득 채워 놓고 따라오너라."

소녀는 우물에서 두레박으로 물을 길어다가 독에 물을 쏟아 부었다. 흥얼흥얼 콧노래까지 부르며 설레는 마음을 감추지 못했다. 잠시 후 마당에 놓인 독 안에는 맑은 물이 넘실댔다.

㉮ {
"드디어 독이 딱 한 개 남았구나. 어서 물을 채우고 잔칫집으로 가야겠다."

콸콸콸. 소녀가 마지막으로 독에 물을 힘차게 쏟아부었다. 그런데 이게 어찌 된 일인가? 분명 독에 물을 부었는데 돌아서면 금세 독이 비어 버리는 것이었다. 몇 번이나 독에 물을 부었지만 매번 마찬가지였다.
}

어느덧 해가 뉘엿뉘엿 저물자 소녀는 울상이 되었다. 뒤늦게 독을 이리저리 살펴보던 소녀는 독 밑에 뚫린 구멍을 발견했다.

"여태 밑 빠진 독에 물을 붓고 있었구나."

결국 잔칫집에 가지 못하게 된 소녀는 주저앉아 울음을 터뜨리고 말았다.

＊**신신당부하다**: 반복해서 말하며 부탁하다.
＊**여태**: 지금까지

1 이 글의 내용으로 미루어 볼 때 '아무리 애써 하더라도 아무 보람이 없는 경우'를 뜻하는 속담은 무엇인지 빈칸에 알맞은 말을 써넣으세요.

☐ 빠진 ☐ 에 ☐ 붓기

2 ㉮에서 소녀가 느꼈을 기분의 변화로 가장 알맞은 것은? (   )

① 기쁨 → 화남   ② 웃김 → 실망   ③ 설렘 → 당황
④ 기대 → 슬픔   ⑤ 놀람 → 부끄러움

3 ㉯와 ㉰에 알맞은 수를 써 보세요.

㉯ (   ), ㉰ (   )

4 다음은 소녀가 모양과 크기가 서로 다른 세 개의 독에 물을 가득 채우기 위해 두레박으로 물을 부은 횟수입니다. 들이가 많은 것부터 순서대로 기호를 써 보세요.

독	㉠	㉡	㉢
횟수(번)	4	5	7

(   )

5 들이가 같은 독끼리 연결해 보세요.

 6 L ·

·  6200 mL

 6020 mL ·

·  6 L 20 mL

 6 L 200 mL ·

·  6000 mL

step **1** 30초 개념

• 들이를 계산할 때는 같은 단위끼리 계산합니다.
들이의 덧셈과 뺄셈은 L는 L끼리, mL는 mL끼리 더하고 뺍니다. 즉, 같은 단위끼리 계산합니다.

	2 L	400 mL			2 L	400 mL
+	1 L	300 mL		−	1 L	300 mL
	3 L	700 mL			1 L	100 mL

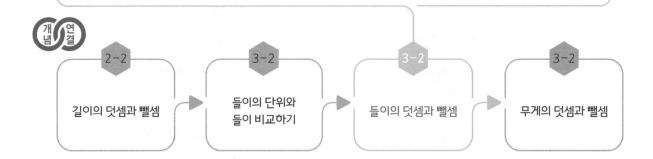

개념 연결

2-2	3-2	3-2	3-2
길이의 덧셈과 뺄셈	들이의 단위와 들이 비교하기	들이의 덧셈과 뺄셈	무게의 덧셈과 뺄셈

step 2 설명하기

질문 ❶ 2 L 400 mL와 1 L 300 mL의 합을 구하는 그림을 완성하고, 합을 구해 보세요.

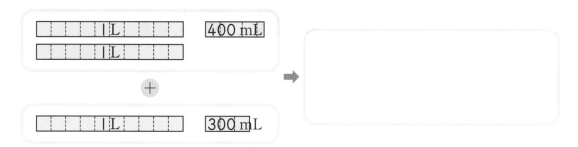

설명하기 그림을 이용하여 알아보면 두 들이의 합은 3 L 700 mL입니다.

질문 ❷ 2 L 400 mL와 1 L 300 mL의 차를 구하는 그림을 완성하고, 차를 구해 보세요.

설명하기 그림을 이용하여 알아보면 두 들이의 차는 1 L 100 mL입니다.

1 시장에서 도윤이가 주스를 두 통 사 왔습니다. 물음에 답하세요.

오렌지주스   포도주스

(1) 도윤이가 사 온 주스는 모두 몇 L 몇 mL인가요?

(   )

(2) 어느 주스가 몇 L 몇 mL 더 많은지 구해 보세요.

(,   )

2 계산해 보세요.

(1) 3600 mL + 4000 mL

(2) 2 L 300 mL + 3 L 600 mL

(3) 5800 mL − 3000 mL

(4) 4 L 700 mL − 2 L 500 mL

3 수조에 4 L 990 mL만큼 물을 채우고 일주일 동안 햇빛이 들지 않는 장소에 두었습니다. 일주일 후에 관찰한 수조의 물이 다음과 같을 때, 증발된 물의 양을 구해 보세요.

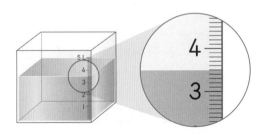

(   )

4 우승이와 연승이가 각각 우유를 마시기 전과 후 우유병에 들어 있는 우유의 들이를 나타낸 표입니다. 물음에 답하세요.

	우승	연승
마시기 전	1 L 800 mL	2 L
마신 후	900 mL	1 L 500 mL

(1) 우승이와 연승이가 마신 우유의 양을 각각 구해 보세요.

(,   )

(2) 우승이와 연승이가 마신 우유의 양이 모두 몇 L 몇 mL인지 구해 보세요.

(   )

step 4 **도전 문제**

5 정우네 가족이 집 안 대청소를 했습니다. 쓰레기통 세 개에 가득 찬 쓰레기를 20 L짜리 쓰레기봉투에 모두 비웠을 때 쓰레기봉투에 남은 공간은 몇 L 몇 mL일까요?

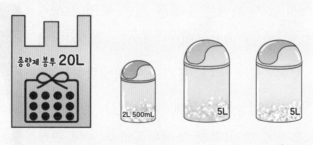

(   )

6 6 L를 담을 수 있는 양동이에 물 5 L를 담아 천연 염색을 하려고 합니다. 다음 두 도구를 사용하여 양동이에 물 5 L를 담는 방법을 설명해 보세요.

설명 _____

_____

숨 쉬는 그릇, 옹기

오늘 우리 반은 옹기 마을로 체험 학습을 다녀왔다. 아침에 학교 운동장으로 가서 우리 반 친구들과 함께 버스를 타고 옹기 마을로 출발했다.

옹기 마을에는 집집마다 장독대가 있었다. 마당의 햇볕 잘 드는 곳에 돌을 쌓아 올려 만든 장독대에는 된장, 고추장, 간장 등이 담겨 있는 크고 작은 항아리가 옹기종기 놓여 있었다.

조상님들은 이 항아리에 음식을 보관해 두고 여러 해에 걸쳐 즐겨 먹었다고 한다. 냉장고에 보관하지* 않고도 어떻게 오랫동안 음식이 썩지 않았을까?

옹기 마을 안내원의 설명에 따르면 주로 음식을 저장할 때 쓰이는 항아리는 대부분 옹기 그릇이라고 한다. 옹기는 황토를 물과 섞어 반죽한 다음 가마에* 넣고 높은 온도에서 구워 만든다.

옹기를 굽는 과정에서 옹기 벽에는 수많은 작은 구멍이 생겨난다. 이 구멍들은 물은 통과시키지 않지만 공기는 통과시키기 때문에 옹기는 숨을 쉴 수 있게 된다. 공기가 들락날락하는 동안 옹기 안에 담겨 있는 음식들은 맛있게 익어 간다. 안내원의 설명을 들으며 나는 옹기에 담긴 우리 조상님들의 지혜에 감탄했다.

오늘날에는 가볍고 튼튼한 플라스틱이나 스테인리스로 만든 그릇을 주로 사용해 옹기 그릇을 찾는 사람들이 흔치* 않다. 나는 옹기 그릇이 다시 사랑받는 날이 오기를 바라면서 기념품으로 옹기 2개를 사서 돌아왔다.

---

* **보관하다**: 물건을 맡아서 관리하다.
* **가마**: 숯, 도자기, 기와, 벽돌 등을 구워 내는 시설
* **흔하다**: 자주 있거나 일어나는 일이라서 쉽게 경험할 수 있다.

1 물음에 알맞은 답을 빈칸에 써넣으세요.

(1) 글쓴이는 언제 체험 학습을 갔나요? ☐☐

(2) 글쓴이는 누구와 체험 학습을 갔나요? ☐☐☐ 친구들과

(3) 글쓴이는 어디로 체험 학습을 갔나요? ☐☐☐☐

(4) 글쓴이가 체험 학습을 갈 때 이용한 교통수단은 무엇인가요? ☐☐

2 옹기에 보관한 음식들이 오랫동안 썩지 않는 이유는 무엇인지 빈칸에 알맞은 말을 써넣으세요.

옹기 벽에 나 있는 구멍들이 ☐은 통과시키지 않고 ☐☐만 통과시키기 때문에 옹기가 숨을 쉴 수 있다.

3 어머니는 글쓴이가 기념품으로 사 온 옹기 그릇에 간장을 담아 보관하기로 하고 ㉠에 1200 mL, ㉡에 1 L 600 mL를 담았습니다. 물음에 답하세요.

(1) 옹기 그릇 ㉠과 ㉡에 담은 간장은 모두 몇 L 몇 mL일까요?

(   )

(2) 두 옹기 그릇에 담은 간장의 양을 같게 하려면 각 옹기 그릇에 간장이 몇 L 몇 mL씩 있어야 할까요?

(   )

(3) 두 옹기 그릇에 담은 간장의 양을 같게 하려면 옹기 그릇 ㉡에서 ㉠으로 간장을 몇 mL 부어야 할까요?

(   )

무게의 단위와 무게 비교하기

step 1 30초 개념

- 무게의 표준 단위에는 킬로그램과 그램, 톤이 있습니다.
  Ⅰ 킬로그램은 Ⅰ kg, Ⅰ 그램은 Ⅰ g이라고 씁니다.

$$\text{Ⅰ kg} \qquad \text{Ⅰ g}$$

Ⅰ kg=Ⅰ000 g

Ⅰ000 kg의 무게를 Ⅰ t이라 쓰고 Ⅰ톤이라고 읽습니다.

$$\text{Ⅰ t}$$

Ⅰ t=Ⅰ000 kg

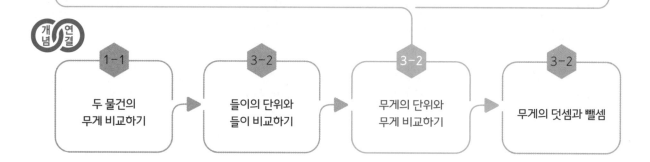

개념연결

1-1	3-2	3-2	3-2
두 물건의 무게 비교하기	들이의 단위와 들이 비교하기	무게의 단위와 무게 비교하기	무게의 덧셈과 뺄셈

step 2 설명하기

질문 ❶ ▶ 윗접시 저울을 사용하여 귤과 바나나, 감의 무게를 비교하는 방법을 설명해 보세요.

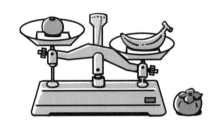

설명하기 ▶ ① 윗접시 저울의 영점을 맞춥니다.
② 세 과일 중 두 개씩 무게를 비교합니다.
  만약 윗접시 저울에 귤과 바나나를 각각 올려놓았을 때 바나나의 접시가 내려
  갔다면 바나나가 귤보다 더 무겁습니다.
③ 다른 과일도 올려놓고 무게를 비교합니다. 이번에는 바나나와 감을 올려놓습
  니다. 감의 접시가 내려갔다면 감이 바나나보다 더 무겁습니다.
  그래서 세 과일 중 감이 가장 무겁고, 귤이 가장 가볍다는 것을 알 수 있습니다.

③에서 바나나의 접시가 내려갔다면 바나나가 가장 무겁다는 것은 알 수 있지만 감과 귤은 어
느 것이 더 무거운지 알 수 없으므로 감과 귤을 저울에 올려놓고 무게를 비교합니다.

질문 ❷ ▶ 1 kg인 물건과 500 g인 물건이 있을 때 두 물건의 무게의 합은 얼마인지 쓰고, 다양
한 방법으로 읽어 보세요.

설명하기 ▶ 저울 위에 무게가 1 kg인 물건을 올린 다음 500 g인 물건을 올리면 저울의 눈
금은 1500 g(1 kg 500 g)을 가리킵니다.
두 물건의 무게의 합은 1 kg보다 500 g 더 무겁습니다.
1 kg보다 500 g 더 무거운 무게를 1 kg 500 g이라 쓰고 1 킬로그램 500 그
램이라고 읽습니다.
1 kg=1000 g이므로 1 kg 500 g=1500 g입니다.

1 주어진 단위에 맞게 무게를 나타내어 보세요.

(1)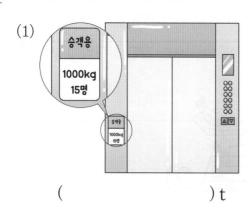

(   ) t

(2)

(   ) t

(3)

(   ) kg

(4)

(   ) t

2 가방에 책 4권을 넣었을 때 가방 전체의 무게를 구해 보세요.

800 g   2 kg ➡ ☐ kg ☐ g

3 주어진 단위에 맞게 무게를 나타내어 보세요.

(1)

☐ g

(2)

☐ kg ☐ g

4 무게를 비교하여 ◯ 안에 >, =, <를 알맞게 써넣으세요.

(1) 2 kg 100 g ◯ 1500 g   (2) 8700 g ◯ 8 kg 400 g

5 시장에서 김치찌개를 끓이는 데 필요한 재료를 사려고 합니다. 사야 할 재료를 적은 쪽지를 보고 알맞은 단위에 ○ 표 해 보세요.

사야 할 재료

김치 4(t , kg , g)

두부 300(t , kg , g)

step **4** 도전 문제

6 호박의 무게를 재었습니다. 그림을 보고 물음에 답하세요.

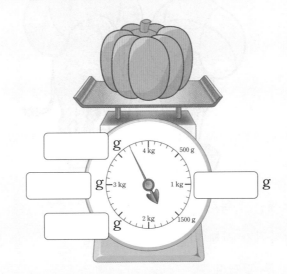

(1) 빈칸에 알맞은 수를 써넣으세요.

(2) 호박의 무게는 몇 kg 몇 g일까요?

(   )

7 무게가 가장 무거운 것부터 순서대로 기호를 써 보세요.

㉠ 2 kg 300 g   ㉡ 1050 kg   ㉢ 2410 g   ㉣ 1 t

(   )

당나귀와 노새

한 상인이*이 ㉠당나귀와 노새의 등에 각각 8 kg씩 짐을 지워서 먼 곳으로 장사를 떠났다. 상인은 한참 길을 가다가 당나귀와 노새 앞에 각각 먹이를 담은 그릇을 놓으며 다정하게 말했다.

"오늘도 고생이 많았다. 어서 맛있게 먹거라."

그러자 당나귀가 먹이 그릇 두 개를 번갈아 쳐다보다가 투덜거렸다.

"흥, 지고 가는 짐의 무게는 같은데 왜 밥그릇에 담긴 먹이의 무게는 다른 거야? 정말 불공평해."

당나귀의 불평*에도 노새는 묵묵히 자신의 먹이를 먹을 뿐이었다. 다음 날, 다시 길을 떠난 지 얼마 지나지 않아 당나귀가 지쳐 비틀거리며 말했다.

"아이고, 힘들어. 더는 못 걷겠다."

㉡당나귀가 힘들어하자 주인은 당나귀의 짐을 덜어 노새에게 옮겨 실었다. 그러나 당나귀는 점점 더 지쳐 갔다. 당나귀가 결국 자리에 털썩 주저앉자 주인은 어쩔 수 없이 당나귀의 짐을 모두 노새에게 옮겨서 지고 가게 했다. 그제야 노새가 당나귀를 향해 입을 열었다.

"내 먹이가 더 많은 이유를 이제 알겠지?"

㉢당나귀는 부끄러워서 고개를 들 수 없었다.

*상인: 장사를 하는 사람
*불평: 못마땅한 것을 말이나 행동으로 드러냄.

1 상인이 노새에게 당나귀보다 먹이를 많이 주면서 했던 생각을 짐작하여 빈칸에 알맞은 말을 써넣으세요.

> "비록 지금은 당나귀와 노새가 같은 무게의 짐을 지고 있지만 더 무거운 짐을 지고도 오랫동안 걸을 수 있는 ☐☐가 ☐☐☐보다 더 많이 먹어야 해."

2 밑줄 친 ㉠에서 상인이 당나귀와 노새의 등에 각각 지운 짐의 무게는 몇 g인지 구해 보세요.

( )

3 상인은 먹이를 당나귀에게 1 kg 150 g 주었고, 노새에게 1320 g 주었습니다. 당나귀와 노새 중 누구에게 얼마나 더 많이 주었는지 써 보세요.

( )에게 ( ) g 더 많이 주었습니다.

4 밑줄 친 ㉡에서 상인은 당나귀의 짐 중 900 g을 덜어 노새에게 더 지게 했습니다. 노새가 진 짐의 무게는 모두 몇 kg 몇 g인지 구해 보세요.

( )

5 밑줄 친 ㉢에서 당나귀가 부끄러워한 까닭을 알맞게 설명한 사람은 누구인지 이름을 써 보세요.

무거운 짐을 지고 가다가 지쳐서 자리에 주저앉아 버렸기 때문이야.

겨울

자기 주제도 모르고 노새가 먹이를 더 많이 먹는다고 불평했기 때문이야.

봄

( )

18

들이와 무게

step 1 · 30초 개념

- 무게를 계산할 때는 같은 단위끼리 계산합니다.

  무게의 덧셈과 뺄셈은 kg은 kg끼리, g은 g끼리 더하고 뺍니다. 즉, 같은 단위끼리 계산합니다.

		kg		g
+	2	kg	500	g
	1	kg	200	g
	3	kg	700	g

		kg		g
−	2	kg	500	g
	1	kg	200	g
	1	kg	300	g

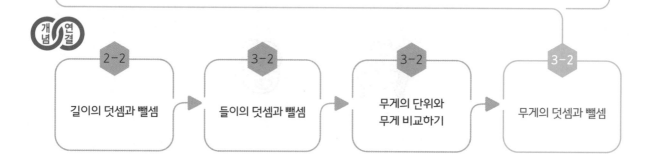

2-2	3-2	3-2	3-2
길이의 덧셈과 뺄셈	들이의 덧셈과 뺄셈	무게의 단위와 무게 비교하기	무게의 덧셈과 뺄셈

질문 ❶ 2 kg 500 g과 1 kg 200 g의 합을 구하는 그림을 완성하고, 합을 구해 보세요.

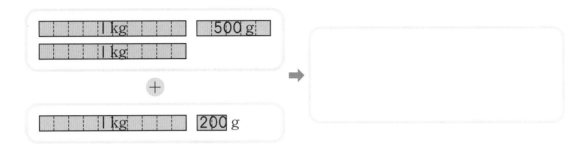

설명하기 그림을 이용하여 알아보면 두 무게의 합은 3 kg 700 g입니다.

질문 ❷ 2 kg 500 g과 1 kg 200 g의 차를 구하는 그림을 완성하고, 차를 구해 보세요.

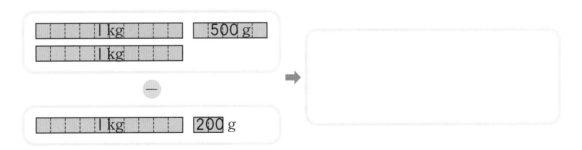

설명하기 그림을 이용하여 알아보면 두 무게의 차는 1 kg 300 g입니다.

1 무게의 덧셈과 뺄셈을 해 보세요.

(1)
```
    5  kg    400  g
+   3  kg    700  g
─────────────────────
   [ ] kg   [    ] g
```

(2)
```
    9  kg    250  g
─   4  kg    680  g
─────────────────────
   [ ] kg   [    ] g
```

2 양팔 저울의 빈 접시에 보기 중 어떤 물건들을 올려야 수평이 되는지 써 보세요.

보기

배 300 g   유리컵 400 g   사전 l kg 200 g   노트북 2300 g

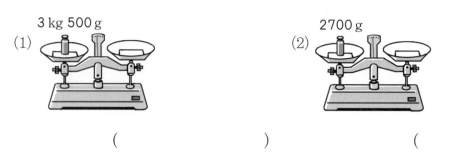

(1) 3 kg 500 g

(   )

(2) 2700 g

(   )

3 동물원에서 엘리베이터를 이용하여 동물들을 옮기려고 합니다. 물음에 답하세요.

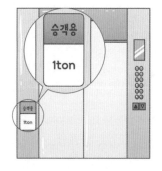

승객용

1ton

동물	무게
기린	700 kg
말	400 kg
돼지	300 kg
펭귄	30 kg

(1) 엘리베이터에 동물 세 마리를 태우려면 어떤 동물들을 태워야 할까요?

(   )

(2) 동물 세 마리를 태운 다음, 엘리베이터에 몇 kg을 더 실을 수 있을까요?

(   )

4 태민이는 다음과 같은 방법으로 케이크를 만들려고 합니다. 완성된 케이크의 무게를 어림해 보세요. (단, 조리 중 증발하는 물의 양은 고려하지 않습니다.)

① 밀가루에 베이킹파우더, 소금을 넣어 섞고 체에 거른다.

② ①에 계란 노른자, 설탕, 물, 식용유, 레몬즙을 넣고 잘 섞는다.

③ 새 그릇에 계란 흰자를 넣고 거품기로 젓는다.

④ ②에 ③를 넣고 거품이 망가지지 않게 잘 섞는다.

⑤ 시폰 케이크 틀에 ④를 붓고 약 170도로 예열한 오븐에서 30분간 굽는다.

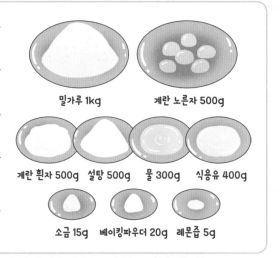

밀가루 1kg   계란 노른자 500g

계란 흰자 500g   설탕 500g   물 300g   식용유 400g

소금 15g   베이킹파우더 20g   레몬즙 5g

풀이

(   )

5 어느 운동선수가 대회에서 받은 메달을 고리에 걸어 벽에 매달아 놓으려고 합니다. 메달은 6개이고 메달 하나의 무게는 150 g입니다. 메달을 고리에 모두 걸었을 때 고리가 몇 g의 무게를 더 견딜 수 있는지 구해 보세요.

(   )

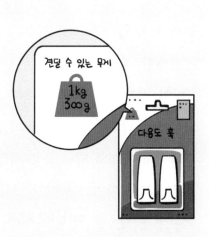

견딜 수 있는 무게

1kg 300g

다용도 훅

어리석은 당나귀

옛날 어느 마을에 소금 장수가 살았다. 소금 장수에게는 당나귀가 한 마리 있었는데, 소금 장수가 소금을 내다 팔러 시장에 갈 때마다 당나귀는 무거운 소금 자루를 등에 지고 걸어야 했다.

오늘도 ㉠어김없이 당나귀와 소금 장수가 시장을 향해 걷고 있는데, 앞에 개울이 나타났다. 당나귀는 개울* 위로 놓인 낡은 외나무다리를 아슬아슬하게 건너다가 그만 발을 헛디뎠고 개울에 풍덩 빠지고 말았다.

"아이고! 이를 어째."

소금 장수가 허겁지겁 당나귀를 개울 밖으로 끌어냈다. 하지만 당나귀가 등에 지고 있던 소금이 이미 물에 흠뻑* 젖어 몽땅 녹아 버린 뒤였다. 당나귀는 소금 자루가 가벼워지자 신이 났다.

다음 날 또다시 외나무다리를 건너던 당나귀가 이번에는 일부러 물속에 뛰어들었다. 당나귀의 꾀를 알아챈 소금 장수는 잔뜩 화가 났다.

'괘씸한* 녀석 같으니라고.'

날이 밝자 소금 장수는 솜이 가득 들어 있는 자루를 당나귀의 등에 실었다. 외나무다리에 다다르자 당나귀는 또다시 비틀거리다가 개울로 훌쩍 몸을 던졌다. 그런데 이게 웬일인가? 당나귀의 기대와 달리 물을 잔뜩 머금은 솜 자루는 이전보다 훨씬 무거워졌다.

자기 꾀에 자기가 넘어간 당나귀는 자신의 어리석은 행동을 후회했다.

＊**개울**: 골짜기나 들에 흐르는 작은 물줄기
＊**흠뻑**: 몹시 젖은 모양
＊**괘씸하다**: 예절에 어긋한 짓을 당해 분하고 밉다.

1 이 이야기의 등장인물은 누구인지 빈칸에 알맞은 말을 써넣으세요.

□□□, □□□□

2 다음 중 밑줄 친 ㉠과 바꾸어 쓸 수 <u>없는</u> 말은? (   )

① 꼭 　　　　　　　② 틀림없이 　　　　　　③ 당연히
④ 변함없이 　　　　　⑤ 종종

3 소금 장수가 솜이 가득 들어 있는 자루를 당나귀의 등에 실은 까닭을 짐작하여 빈칸에 알맞은 말을 써넣으세요.

당나귀의 □를 알아차리고 □□한 마음이 들었기 때문이다.

4 소금 15 kg 600 g를 지고 있던 당나귀가 개울에 빠져 소금 8 kg 700 g이 물에 녹았다면 남은 소금의 무게는 얼마인지 구해 보세요.

식 _____

답 _____

5 솜 3 kg 900 g을 지고 있던 당나귀가 개울에 빠져 솜의 무게가 2 kg 200 g 늘어났다면 솜의 무게는 얼마인지 구해 보세요.

식 _____

답 _____

좋아하는 음식	닭강정	짜장면	돈가스	제육볶음
학생 수 (명)	42	33	21	14

선생님! 학생들이 좋아하는 음식을 조사했습니다.

어떤 방법으로 조사했지?

직접 물어보기도 하고, 손 들기, 붙임딱지 붙이기도 했어요.

여러 가지 방법으로 조사했구나. 힘들었겠어.

step 1 30초 개념

• 자료를 수집하여 표로 나타낼 수 있습니다.

우리 반 학생들이 좋아하는 학교 행사

학교 행사	운동회	학예회	현장 체험 학습	독서 행사	합계
학생 수(명)	4	3	12	2	21

• 표를 그리는 방법
  – 조사 내용에 알맞은 제목을 정합니다.
  – 조사 항목에 맞게 칸을 나눕니다.
  – 조사 내용에 맞게 빈칸을 채웁니다.
  – 합계가 맞는지 확인합니다.

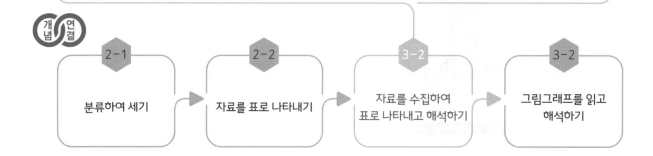

개념 연결

2-1	2-2	3-2	3-2
분류하여 세기	자료를 표로 나타내기	자료를 수집하여 표로 나타내고 해석하기	그림그래프를 읽고 해석하기

질문 ❶ ▷ 직접 손 들기와 붙임딱지 붙이기로 자료를 수집할 때 좋은 점과 문제점을 정리해 보세요.

설명하기 ▷ 직접 손 들기 방법은 짧은 시간에 자료를 수집할 수 있는 좋은 점이 있지만 모든 학생이 한 번에 참여할 수 있어야 하는 문제점도 있습니다.

붙임딱지 붙이기 방법은 붙임딱지판만 미리 준비되어 있으면 언제든지 학생들이 조사에 참여할 수 있고 조사한 결과가 남는 좋은 점이 있습니다.

붙임딱지 붙이기 방법은 붙임딱지판을 미리 만들어야 하고 직접 손 들기 방법에 비해 시간이 오래 걸리는 문제점도 있습니다.

질문 ❷ ▷ 다음 표에서 알 수 있는 것을 3가지 찾아 설명해 보세요.

우리 반 학생들이 좋아하는 학교 행사

학교 행사	운동회	학예회	현장 체험 학습	독서 행사	합계
학생 수 (명)	4	3	12	2	21

설명하기 ▷ 우리 반 학생들이 가장 좋아하는 학교 행사는 현장 체험 학습입니다.

우리 반 학생들이 두 번째로 좋아하는 학교 행사는 운동회입니다.

우리 반 학생들이 좋아하는 학교 행사는 4가지입니다.

1 수아네 반 학생들이 배우고 싶어 하는 악기를 조사한 표를 보고 물음에 답하세요.

배우고 싶어 하는 악기별 학생 수

악기	피아노	리코더	오카리나	바이올린	합계
학생 수(명)	12		6	2	24

(1) 리코더를 배우고 싶어 하는 학생 수는 몇 명인가요?

( )

(2) 피아노를 배우고 싶어 하는 학생 수는 바이올린을 배우고 싶어 하는 학생 수의 몇 배인가요?

( )

(3) 배우고 싶어 하는 학생이 가장 많은 악기부터 순서대로 써 보세요.

( )

2 혜윤이는 3학년 학생들이 도서관에서 읽은 책을 조사하였습니다. 표를 보고 알 수 있는 사실을 3가지 써 보세요.

3학년 학생들이 읽은 책

책 종류	위인전	만화책	과학책	동화책	합계
책의 수 (권)	45	65	36	54	200

-
-
-

3 유찬이네 학교 3학년 학생들이 좋아하는 동물을 조사하였습니다. 물음에 답하세요.

남학생 여학생

세인	가인	한결	주은	시윤	예진	성모	정민
토끼	고양이						
지완	바다	이안	재은	성훈	유빈	원호	나연
강아지							
유찬	지은	민준	혜원	건우	정은	준후	해린
햄스터							
시호	하율	영재	민서	동류	수민	병민	윤지
우석	아인	진우	유하	건희	수연	산	예림

(1) 조사한 자료를 표로 나타내어 보세요.

동물	토끼	고양이	강아지	햄스터	합계
남학생 수(명)					
여학생 수(명)					

(2) 조사한 학생은 모두 몇 명일까요?　　　　　　　　　（　　　　　　　　　　）

(3) 조사한 자료를 표로 나타내면 좋은 점을 한 가지 써 보세요.

（ 좋은 점 ）_____

겨울 스포츠 교실 안내문

겨울 스포츠 교실 참가자 모집* 안내

 겨울 방학이 코앞으로 다가왔습니다. 춥다고 웅크리고만 있지 말고 재미있는 겨울 스포츠를 즐겨 보는 것은 어떨까요? 매서운 추위는 어느새 잊어버리게 될 것입니다.

- 모집 인원: 선착순* 20명
- 모집 대상: 초등학교 3~6학년 학생
- 일시: 2022년 12월 28일 수요일
- 장소: 시민 운동장
- 일정표

시간	내용
오전 8:30	출발
오전 9:30~오전 10:00	안전 교육
오전 10:00~오후 12:00	썰매 타기
오후 12:00~오후 1:00	점심 식사
오후 1:00~오후 3:00	스케이트 강습
오후 3:00~오후 3:30	간식
오후 3:30~오후 5:30	컬링 경기
오후 6:00	도착

- 신청 기간: 2022년 11월 21일 월요일~11월 25일 금요일
- 신청 방법: 담임 선생님께 참가 신청서 제출

--------------------------------참가 신청서--------------------------------

성명	학년 - 반	보호자 전화번호	간식
			핫도그 김밥 샌드위치 우동

※ 먹고 싶은 간식을 한 가지 골라 ○표 해 주세요.

*모집: 일정한 조건에 따라 널리 알려서 뽑아 모음.
*선착순: 먼저 온 차례

1 이 글에 나타나 있지 <u>않은</u> 것은? (   )

① 참가 대상   ② 세부 일정   ③ 신청 기간
④ 신청 방법   ⑤ 문의 전화번호

2 보기 의 내용이 들어가기에 알맞은 항목은? (   )

> 보기
>
> 이 기간 이후에는 신청할 수 없습니다.

① 모집 인원   ② 일시   ③ 일정표
④ 신청 기간   ⑤ 신청 방법

3 겨울 스포츠 교실 참가자들이 먹고 싶어 하는 간식을 조사하였습니다. 물음에 답하세요.

참가자들이 먹고 싶어 하는 간식

신청 번호	간식	신청 번호	간식	신청 번호	간식	신청 번호	간식
1	핫도그	6	우동	11	우동	16	핫도그
2	우동	7	샌드위치	12	김밥	17	우동
3	샌드위치	8	핫도그	13	우동	18	우동
4	우동	9	우동	14	김밥	19	핫도그
5	핫도그	10	김밥	15	우동	20	우동

(1) 조사한 자료를 표로 나타내어 보세요.

참가자들이 먹고 싶어 하는 간식

간식	핫도그	김밥	샌드위치	우동	합계
참가자 수(명)					

(2) 가장 많은 학생이 먹고 싶어 하는 간식과 가장 적은 학생이 먹고 싶어 하는 간식은
무엇인지 각각 써 보세요.

(,   )

그림그래프를 읽고 해석하기

step 1   30초 개념

• 그림그래프를 읽고 다양하게 해석할 수 있습니다.

하루 동안 말린 꽃의 수

종류	꽃의 수
장미	✿✿✿**
국화	✿*****
수국	✿✿****
카네이션	✿✿*

✿ 10송이
* 1송이

알려고 하는 수(조사한 수)를 그림으로 나타낸 그래프를 그림그래프라고 합니다.

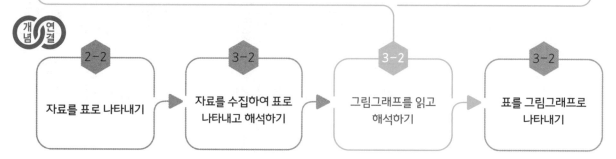

개념연결

2-2	3-2	3-2	3-2
자료를 표로 나타내기	자료를 수집하여 표로 나타내고 해석하기	그림그래프를 읽고 해석하기	표를 그림그래프로 나타내기

step 2 설명하기

질문 ❶ 자료를 살펴보고 어린이 기자들이 무엇을 조사한 것인지 설명해 보세요.

도서관을 이용한 학생 수

요일	학생 수
월요일	☺ ☺ ☺ ☺ ☺ �◦◦◦
화요일	☺ ☺ ☺
수요일	☺ ☺ ◦◦
목요일	☺ ☺ ☺ ◦◦◦
금요일	☺ ☺ ☺ ☺ ◦◦◦◦◦

☺ 10명
◦ 1명

설명하기 〉 어린이 기자들은 일주일 동안 교내 도서관을 이용한 학생 수를 조사하여 그림그
래프로 나타내었습니다.

그림그래프에는 월요일부터 금요일까지 도서관을 이용한 학생 수를 ☺는 10명,
◦는 1명을 나타내었습니다.

질문 ❷ 위 그림그래프를 보고 알게 된 점 3가지를 설명해 보세요.

설명하기 〉 화요일과 목요일은 도서관을 이용한 학생 수가 비슷합니다.
학생들이 도서관을 가장 많이 이용한 요일은 월요일입니다.
학생들이 도서관을 가장 적게 이용한 요일은 수요일입니다.
월요일에 도서관을 이용한 학생 수는 수요일에 도서관을 이용한 학생 수의 2배보
다 많습니다.

1 진아네 학교 3학년 학생들이 여름 방학에 놀러 가고 싶은 장소를 조사하여 표와 그림그래 프로 나타내었습니다. 물음에 답하세요.

3학년 학생들이 놀러 가고 싶어 하는 장소

장소	놀이동산	수영장	동물원	미술관	박물관	합계
학생 수(명)	35	23	16	12	14	100

3학년 학생들이 놀러 가고 싶어 하는 장소

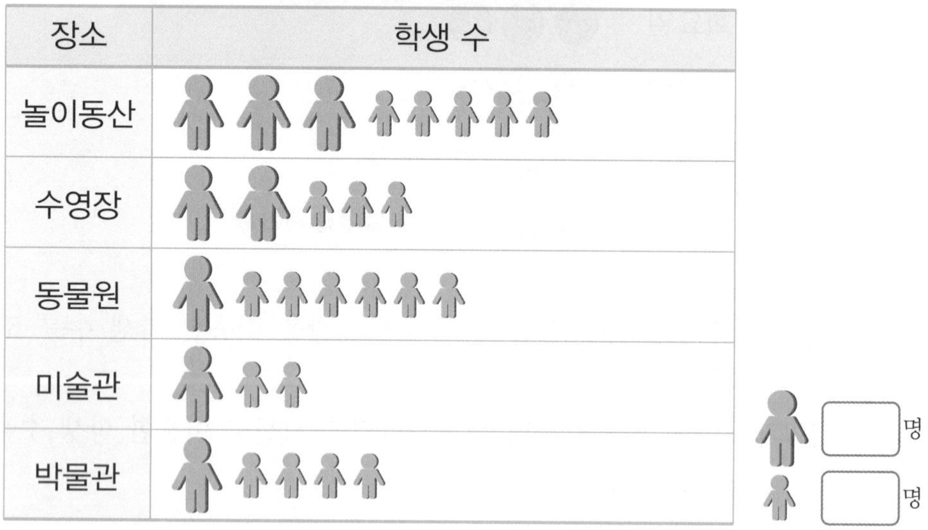

장소	학생 수
놀이동산	
수영장	
동물원	
미술관	
박물관	

(1) 그림그래프에서 와 은 각각 몇 명을 나타내는지 ☐ 안에 알맞은 수를 써넣으세요.

(2) 가장 많은 학생이 놀러 가고 싶어 하는 장소와 가장 적은 학생이 놀러 가고 싶어 하는 장소는 각각 어디인지 써 보세요.

(,)

(3) 표를 그림그래프로 나타내면 좋은 점을 한 가지 써 보세요.

좋은 점 _____

_____

2 동윤이네 학교 학년별 학생 수를 조사하여 그림그래프로 나타내었습니다. 물음에 답하세요.

동윤이네 학교 학년별 학생 수

(1) 그림그래프를 보고 표를 완성해 보세요.

동윤이네 학교 학년별 학생 수

학년	1	2	3	4	5	6	합계
학생 수(명)	82	90	74				460

(2) 그림그래프를 보고 알 수 있는 사실을 3가지 써 보세요.

-
-
-

계절에 따른 전통 음식

우리나라는 봄, 여름, 가을, 겨울의 사계절이 뚜렷하다. 계절에 따른 자연의 변화는 사람들의 생활 모습에 큰 영향을 미친다. 그중에서도 식생활을 배놓을 수 없다. 제철*에 나는 식품으로 만든 음식, 즉 시식에 대해 알아보자.

따뜻하고 건조한 봄이 오면 산과 들에 새싹이 돋아나고 꽃이 피어난다. 그래서 봄이 되면 사람들은 냉이나 달래 같은 봄나물을 캐 먹거나 진달래나 개나리를 떡에 붙여서 기름에 지져 먹는다. 이러한 봄철 음식은 봄이 되어 나른하고* 피로를 쉽게 느끼는 증상*을 물리쳐 준다.

덥고 습한 여름에는 뜨거운 열기를 식혀 줄 시원한 음식을 많이 먹는다. 꿀이나 설탕을 탄 차가운 얼음물에 과일을 썰어 넣은 화채나 냉면을 먹고, 정반대로 뜨겁고 영양분이 많은 음식을 먹어 몸을 보호하기도 한다. 열이 날 때 오히려 땀을 내고, 뜨거운 음식을 먹어서 더위를 이긴다는 의미의 '이열치열'이라는 말이 이럴 때 쓰인다. 닭에 인삼, 대추, 찹쌀 등을 넣어서 푹 끓여 먹는 삼계탕이 대표적이다.

뜨거운 여름이 지나고 나면 날씨가 맑고 서늘한 가을이 돌아온다. 잘 익은 갖가지 과일과 곡식을 거두어들이는 가을에는 이를 이용한 여러 가지 음식을 맛볼 수 있다. 한 해 동안 농사를 지어 새로 수확한 쌀과 팥, 콩, 밤, 깨 등으로 만드는 송편뿐만 아니라 사과, 배, 감 등 갖가지 과일을 먹을 수 있다.

춥고 건조한 날씨가 이어지는 겨울을 대비해서는 미리 김치를 담가 둔다. 소금에 절인 배추나 무를 양념에 버무린 뒤 발효시키면 긴 겨울 동안 두고두고 먹을 수 있는 든든한 음식이 된다. 동지에는 따뜻한 팥죽을 쑤어 먹으며 나쁜 기운을 막아 내기를 빌기도 하고, 설날에는 떡국을 끓여 먹으며 건강하게 나이를 한 살 더 먹게 된 것을 기뻐하기도 한다.

▲ 화전

▲ 송편

▲ 팥죽

▲ 화채

*제철: 알맞은 때
*나른하다: 힘들어서 기운이 없다.
*증상: 병에 걸렸을 때 나타나는 여러 가지 상태나 모양

1 '계절에 알맞은 음식'을 무엇이라고 하는지 빈칸에 알맞은 말을 써넣으세요.

[ ][ ]

2 계절과 그 계절에 알맞은 음식을 서로 연결해 보세요.

· · · ·

봄 · 여름 · 가을 · 겨울 ·

3 사자성어 '이열치열'을 알맞게 사용한 사람은 누구인지 이름에 ○표 해 보세요.

이열치열이라고 날씨가 더우니 운동장을 한 바퀴 뛰면서 땀을 흘리자.

가을

날씨가 더우니 시원한 화채 한 그릇을 먹으면서 이열치열하자.

여름

4 3학년 학생 105명을 대상으로 좋아하는 계절을 조사하여 그림그래프로 나타내었습니다. 봄과 여름을 좋아하는 학생 수가 같을 때 여름을 좋아하는 학생은 몇 명인지 구해 보세요.

봄	여름
가을	겨울

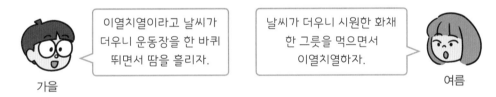

🧢 10명
🧢 1명

(   )

• 표를 그림그래프로 나타낼 수 있습니다.

일 년 동안 가장 기억에 남는 학교 행사

학교 행사	운동회	학예회	현장 체험 학습	독서 행사	합계
학생 수 (명)	47	29	36	18	130

일 년 동안 가장 기억에 남는 학교 행사

학교 행사	학생 수
운동회	◎◎◎◎ ○○○○○○○
학예회	◎◎ ○○○○○○○○○
현장 체험 학습	◎◎◎ ○○○○○○
독서 행사	◎ ○○○○○○○○

◎ 10명
○ 1명

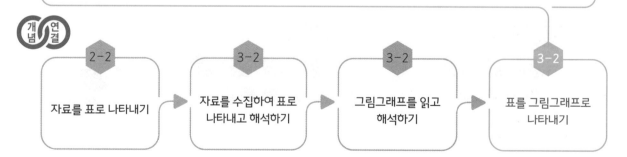

2-2 자료를 표로 나타내기

3-2 자료를 수집하여 표로 나타내고 해석하기

3-2 그림그래프를 읽고 해석하기

3-2 표를 그림그래프로 나타내기

step 2　설명하기

질문 ❶　주어진 표를 단위를 3가지로 하여 그림그래프로 나타내어 보세요.

일 년 동안 가장 기억에 남는 학교 행사

학교 행사	운동회	학예회	현장 체험 학습	독서 행사	합계
학생 수(명)	47	29	36	18	130

설명하기

일 년 동안 가장 기억에 남는 학교 행사

학교 행사	학생 수
운동회	◎ ◎ ◎ ◎ ○ ○ ○
학예회	◎ ◎ ○ ○ ○ ○ ○
현장 체험 학습	◎ ◎ ◎ ○ ○ ○
도서 행사	◎ ○ ○ ○ ○

◎ 10명
○ 5명
○ 1명

10명과 1명 이외에 5명을 단위로 만들면 위와 같은 그림그래프로 나타낼 수 있습니다.

질문 ❷　표와 그래프의 다른 점을 3가지 설명해 보세요.

설명하기　표와 그림그래프의 다른 점은
① 표는 그림을 일일이 세지 않아도 됩니다.
② 표는 조사한 양의 크기를 바로 알 수 있습니다.
③ 표는 각각의 자료를 서로 비교하기가 불편합니다.
④ 그림그래프는 한눈에 비교하기가 편리합니다.
⑤ 그림그래프는 가장 많고 가장 적은 것을 바로 볼 수 있습니다.

1 도은이네 학교 3학년 학생들이 좋아하는 과목을 조사한 표를 보고 물음에 답하세요.

좋아하는 과목별 학생 수

과목	국어	수학	음악	미술	체육	합계
학생 수(명)	13	2	17	18	40	90

(1) 표를 보고 그림그래프로 나타낼 때 단위를 몇 가지로 나타내면 좋을까요?

(   )

(2) 표를 보고 그림그래프를 완성해 보세요.

좋아하는 과목별 학생 수

과목	학생 수
국어	◎ ○○○
수학	
음악	
미술	
체육	

◎ 10명
○ 1명

(3) 3학년 학생들이 좋아하는 과목을 가장 좋아하는 과목부터 순서대로 써 보세요.

(−   −   −   −   )

(4) 내가 도은이네 학교 선생님이라면 어떤 과목을 더 재미있게 가르치려고 노력하면 좋을지 설명해 보세요.

설명

2 어느 주스 가게에서 일주일 동안 팔린 주스의 수를 종류별로 조사하여 나타낸 표를 보고 그림그래프를 그리려고 합니다. 물음에 답하세요.

일주일 동안 팔린 주스의 수

종류	포도	토마토	당근	바나나
주스의 수(잔)	32	21	13	24

(1) 일주일 동안 팔린 주스의 수는 몇 잔일까요?

(   )

(2) 표를 보고 그림그래프를 그려 보세요.

(3) 내가 주스 가게 주인이라면 다음 주에는 어떤 주스를 더 많이 또는 더 적게 준비하면 좋을지 설명해 보세요.

설명

공장이나 자동차가 뿜어내는 매연 때문에 높고 푸른 하늘을 보기가 어려워지고 있다. 자동차가 달릴 때 석탄이나 석유 같은 연료가 타서 생겨나는 오염* 물질들이 공기를 더럽히고 있는 것이다.

다음은 우리 마을 주민들이 자주 이용하는 교통수단을 조사하여 나타낸 표이다.

자주 이용하는 교통수단

교통수단	자가용	버스	지하철	도보	합계
마을 주민 수(명)	80	56	64	40	240

우리 마을 주민들이 가장 자주 이용하는 교통수단은 자가용이라는 것을 알 수 있다. 그렇다면 자가용 이용을 줄이기 위해 우리는 어떤 노력을 해야 할까?

첫째, 대중교통을 이용하자. 도로 위를 달리는 자동차 수를 줄이면 자동차가 달릴 때 발생하는 오염 물질의 양을 줄일 수 있다. 또한 교통이 몹시 혼잡한* 때는 대중교통을 이용하는 것이 오히려 원하는 장소에 빠르게 도착할 수 있는 방법이 된다.

둘째, 가까운 거리는 자전거를 타거나 걸어가자. 가까운 거리는 자전거를 이용하여 가더라도 자가용과 비교해서 시간 차이가 크지 않고, 무엇보다 자전거를 타거나 걸으면 건강을 유지하는 데 큰 도움이 된다.

셋째, 자가용을 이용할 때는 여러 사람과 함께 타려고 노력하자. 목적지가 가까운 사람들이 함께 이동하면 돈을 아낄 수 있을 뿐만 아니라 서로 사이가 더욱 가까워질 수도 있다.

사람도 자연의 일부다. 자연을 보호하기 위해 노력하지 않으면 언젠가는 우리의 건강도 위협받게 될 것이다. 자가용 이용을 줄여 깨끗한 공기를 만드는 데 힘을 보태도록 하자.

＊**오염**: 더럽게 물듦.
＊**혼잡하다**: 여럿이 뒤섞여서 어수선하다.

1 이 글의 제목으로 알맞은 말을 빈칸에 써넣으세요.

<table><tr><td></td><td></td><td></td><td></td></tr></table>을 이용하자.

2 다음 중 자가용 이용을 줄이기 위한 방법으로 옳지 <u>않은</u> 것은? (   )

① 대중교통을 이용한다.
② 가까운 거리는 자전거를 타고 이동한다.
③ 가까운 거리는 걸어서 이동한다.
④ 자가용을 이용할 때는 되도록 여러 사람과 함께 탄다.
⑤ 자가용을 이용할 때는 되도록 빨리 달린다.

3 이 글에서 마을 주민들이 자주 이용하는 교통수단을 조사하여 나타낸 표를 보고 그림그래 프로 나타내어 보세요.

자주 이용하는 교통수단

교통수단	마을 주민 수
자가용	
버스	
지하철	
도보	

◎ 10명
○ 1명

4 문제 **3**의 그림그래프를 ◎은 20명, ○은 10명, •은 1명으로 정하여 다시 나타내려고 합니다. 그림그래프를 완성해 보세요.

자주 이용하는 교통수단

교통수단	마을 주민 수
자가용	◎ ◎ ◎ ◎
버스	
지하철	
도보	

◎ 20명
○ 10명
• 1명

step 3 개념 연결 문제 012~013쪽

1 (위에서부터) 519, 9, 210, 300
2 (1) 626 (2) 657 (3) 768 (4) 4992
3 <   **4** 836
5 4344, 690

step 4 도전 문제 013쪽

6 (위에서부터) 3, 1, 8, 6
7 (1) 5960원; 풀이 참조 (2) 1640원

---

1 173=100+70+3이고, 3×3=9,
70×3=210, 100×3=300이므로
173×3=519입니다.

2 (1)
```
      3 1 3
   ×     2
   ─────────
      6 2 6
```
(2)
```
        2
      2 1 9
   ×     3
   ─────────
      6 5 7
```
(3)
```
      1 1
      2 5 6
   ×     3
   ─────────
      7 6 8
```
(4)
```
      1 3
      6 2 4
   ×     8
   ─────────
      4 9 9 2
```

3 714×5=3570, 624×7=4368
3570<4368이므로 714×5<624×7
입니다.

4 100이 2개, 1이 9개인 수는 209입니다.
209를 4배 한 수는 209×4=836입니다.

5 곱이 가장 큰 곱셈식을 만들기 위해 수 카드
2, 3, 4, 5, 8 중 가장 큰 수 8을 제외하고
남은 수 카드로 만들 수 있는 가장 큰 세 자리
수 543에 가장 큰 수 카드 8을 곱합니다.
따라서 곱이 가장 큰 곱은
543×8=4344입니다.
곱이 가장 작은 곱셈식을 만들기 위해 수 카
드 2, 3, 4, 5, 8 중 가장 작은 수 2를 제외

하고 남은 수 카드로 만들 수 있는 가장 작은
세 자리 수 345에 가장 작은 수 카드 2를
곱합니다. 곱이 가장 작은 곱은
345×2=690입니다.

6 일의 자리 계산을 위한 3×□에서 계산 결과
가 9이므로 □=3입니다. 623×3=1869
이므로 □ 안에 들어갈 알맞은 수는 위에서
부터 3, 1, 8, 6입니다.

7 (1) 방법 1 745×8=5600+320+40
=5960

방법 2
```
        3 4
        7 4 5
   ×         8
   ─────────────
      5 9 6 0
```

(2) B 마트에서 당근을 사면
950×8=7600(원)이므로 A 마트에서
사는 것보다
7600−5960=1640(원)을 더 내야
합니다.

---

step 5 수학 문해력 기르기 015 쪽

1 풀이 참조   **2** ⑤
3 375개
4 225×4=900, 900개
5 545×8=4360, 4360개

---

1 오이 장수는 오이를 더 비싼 값에 팔기 위해
이곳저곳을 떠돌아다녔습니다.

2 오이 장수는 오이를 더 비싼 값에 팔기 위해
서울에 갔다가 의주에 갔다가 하다 그만 오이
가 몽땅 썩어 못 쓰게 되고 말았으므로 '송도
오이 장수'의 의미로 알맞은 것은 ⑤입니다.

3 오이 장수는 한 자루에 125개씩 담은 오이
3자루를 수레에 실었으므로 수레에 실은 오
이는 모두 125×3=375(개)입니다.

<u>4</u> 서울의 채소 가게에는 오이가 225개 들어
있는 상자가 4개 있으므로
225×4=900(개)입니다.

<u>5</u> 의주의 채소 가게에는 오이가 545개 들어
있는 상자가 8개 있으므로
545×8=4360(개)입니다.

---

02 (몇십몇) × (몇십) 계산하기

step 3 개념 연결 문제 ·········· 018~019쪽

1 (1) 2520　(2) 133
　(3) 2680　(4) 140

2 ㉢　　　　　**3** ㉡, ㉣

4 324　　　　**5** 19개

6 (위에서부터) 1, 8, 6

step 4 도전 문제 ·········· 019쪽

<u>7</u> 1200개　　　<u>8</u> 162

---

2 7×4에서 4는 40이므로 원래는
7×40=280입니다. 따라서 7×4=28의
숫자 8은 ㉢에 써야 합니다.

3 ㉠ 30×50=1500, ㉡ 60×70=4200,
㉢ 71×20=1420, ㉣ 43×50=2150
1420<1500<2000<2150<4200
이므로 계산 결과가 2000보다 큰 것은 ㉡,
㉣입니다.

4 가장 작은 수는 6이고 가장 큰 수는 54이므
로 6×54=324입니다.

5 가: 23×80=1840,
나: 93×20=1860이므로 1840과 1860
사이의 자연수는 1841부터 1859까지의
자연수입니다. 따라서 모두 19개입니다.

6
```
        9
  ×   ㉡ ㉠
  ─────────
    1 ㉢ 2
```

9×㉠에서 곱의 일의 자리 수가 2인 곱셈구
구는 9×8=72입니다.
따라서 ㉠은 8입니다.
9×㉡의 값에 올림한 수 7을 더해서 1㉢인
수는 ㉡=1일 때 9×1=9, 9+7=16이
므로 ㉡=1이고, ㉢=6입니다.

7 객실 한 량은 1~15열이 있고, 각 열마다
A, B, C, D 네 자리씩이므로 객실 한 량의
좌석 수는 15×4=60(개)입니다.
따라서 객실 20량에 있는 좌석은 모두
60×20=1200(개)입니다.

8 40×㉠0=3600에서 4×㉠=36입니다.
4×9=36이므로 ㉠=9입니다.
㉠×18=9×18=162이므로 □ 안에 알맞
은 수는 162입니다.

---

step 5 수학 문해력 기르기 ·········· 021쪽

<u>1</u> ④　　　　　　**2** 1200

<u>3</u> ③

<u>4</u> 47×30=1410, 1410 W(와트)

<u>5</u> 8×31=248, 248시간

---

1 이 글은 더운 날씨로 인해 소비하는 전력량
이 지나치게 많아져 피해가 발생할 수 있는
상황을 전하기 위해 쓴 기사 글이므로 ④입
니다.

2 (전력량)=(한 시간 동안 전기 소비량)
　　　　　　×(사용 시간)이므로
㉠=60×20=1200입니다.

3 전문가들은 국민들이 소비하는 전력량이 지
나치게 많아지면 갑작스러운 정전이 발생할
수 있으므로 전기를 절약해야 한다고 말했으
므로 ③입니다.

4 한 시간 동안 에어컨의 전기 소비량은 한 시

간 동안 전기 소비량이 47W인 선풍기 30
대의 전기 소비량과 같으므로
$47 \times 30 = 1410$(W)입니다.

5 지난 달 이지민 씨는 8시간씩 31일 동안 에
어컨을 사용했으므로
(총 사용 시간)$=8 \times 31 = 248$(시간)입니다.

03 (몇십몇) × (몇십몇) 계산하기

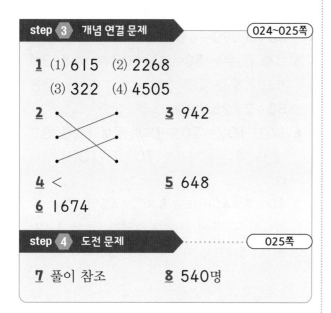

step 3 개념 연결 문제   024~025쪽

1 (1) 615   (2) 2268
   (3) 322   (4) 4505

2

3 942

4 <   **5** 648

6 1674

step 4 도전 문제 025쪽

7 풀이 참조   **8** 540명

1 (1)

```
      1 5
  ×   4 1
  -------
      1 5
    6 0
  -------
    6 1 5
```

(2)

```
      8 4
  ×   2 7
  -------
    5 8 8
  1 6 8
  -------
  2 2 6 8
```

(3)

```
      2 3
  ×   1 4
  -------
      9 2
    2 3
  -------
    3 2 2
```

(4)

```
      8 5
  ×   5 3
  -------
    2 5 5
  4 2 5
  -------
  4 5 0 5
```

2 $51 \times 18 = 918$, $36 \times 22 = 792$,
$17 \times 38 = 646$입니다.

3 ㉠ 17을 21번 더한 수 → $17 \times 21 = 357$,

㉡ 45의 13배인 수 → $45 \times 13 = 585$
따라서 ㉠과 ㉡의 합은 $357 + 585 = 942$
입니다.

4 $49 \times 19 = 931$, $26 \times 38 = 988$
$931 < 988$이므로 $49 \times 19 < 26 \times 38$입니
다.

5 수 카드 1 , 2 , 4 , 5 를 한 번씩만
사용하여 만들 수 있는 가장 작은 두 자리 수
는 12이고, 가장 큰 두 자리 수는 54입니
다.
따라서 $12 \times 54 = 648$입니다.

6 어떤 수를 □라 할 때 □$+93 = 111$이므로
□$=111 - 93 = 18$입니다.
따라서 바르게 계산하면 $18 \times 93 = 1674$
입니다.

7 바른 계산

```
        7 9
    ×   8 4
    -------
      3 1 6
    6 3 2
    -------
    6 6 3 6
```

8 45명씩 12대이므로 $45 \times 12 = 540$(명)까
지 탈 수 있습니다.

step 5 수학 문해력 기르기   027쪽

1 팔만대장경   **2** ④
3 ㉢, ㉣, ㉠, ㉡, ㉤   **4** 풀이 참조, 322개
5 $38 \times 18 = 684$, 684개

2 ④ 팔만대장경을 모두 만드는 데 얼마나 시
   간이 걸렸는지는 알 수 없습니다.

3 팔만대장경은 ㉢ 경판을 만들기 알맞은 나무
   를 고르고 잘라 ㉣ 바닷물 속에 1~2년 동안
   담가 둡니다. 그리고 ㉠ 경판을 만들기 알맞
   은 크기로 나무를 잘라 ㉡ 소금물에 삶은 후

바람이 잘 통하는 곳에서 1년 동안 말립니다. 마지막으로 ㉣ 대패로 곱게 다듬은 후 경판에 글자를 새깁니다.

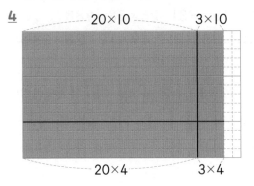

경판 한 면에 23줄씩 14글자가 있으므로 새겨진 글자의 수는 23×14=322(개)입니다.

5 하루에 38글자씩 18일 동안 글자를 새겼으므로 새긴 글자의 수는 38×18=684(개)입니다.

---

04 (몇십)÷(몇) 계산하기

step 3 개념 연결 문제   030~031쪽

1 (1) 30 (2) 35 (3) 40 (4) 18
2 ㉢   3 4
4 <   5 25

step 4 도전 문제   031쪽

6 풀이 참조, 10분   7 풀이 참조, 5

1 (1)
```
    3 0
3 ) 9 0
    9
    ----
      0
```
(2)
```
    3 5
2 ) 7 0
    6
    ----
    1 0
    1 0
    ----
      0
```

(3)
```
    4 0
2 ) 8 0
    8
    ----
      0
```
(4)
```
    1 8
5 ) 9 0
    5
    ----
    4 0
    4 0
    ----
      0
```

2 ㉠ 30÷2=15, ㉡ 60÷4=15,
㉢ 70÷5=14이므로 ㉢ 70÷5의 몫이 다릅니다.

3 ㉠ 80÷4=20이고 ㉡ 80÷5=16이므로 두 나눗셈의 몫의 차는 20−16=4입니다.

4 60÷5=12이고 90÷6=15이므로
60÷5<90÷6입니다.

5 가장 큰 수는 50이고, 가장 작은 수는 2이므로 가장 큰 수를 가장 작은 수로 나눈 몫은 50÷2=25입니다.

6 1시간 10분=70분이므로 인형 1개를 만드는 데 걸리는 시간은 70÷7=10(분)입니다.

7 90÷2=45이므로 8×□<45입니다.
따라서 □ 안에 들어갈 수 있는 수는 1, 2, 3, 4, 5이므로 가장 큰 수는 5입니다.

step 5 수학 문해력 기르기   033쪽

1 ②   2 ⑤
3 50÷2=25, 25개
4 90÷6=15, 15명
5 20마리

1 이 글은 한가위를 맞이하여 농수산물 도매 시장에서 열리는 할인 행사에 대한 정보를 전달하기 위해 쓴 글이므로 ②입니다.

2 ① 할인 행사는 9월 7일부터 14일까지 일주일 동안 열립니다.
② 도매는 물건을 낱개로 사지 않고 묶어 산다는 의미이므로 농수산물 도매 시장은

적은 양의 농수산물을 사러 가기 알맞지
않습니다.
③ 특별 할인 품목에 해당하는 마늘 한 접은
마늘 100개를 의미합니다.
④ 특별 할인 품목에 해당하는 북어 한 쾌는
북어 20마리를 의미합니다.
⑤ 일부 품목은 할인에서 제외된다고 했으므
로 시장에서 파는 모든 물건을 싼값에 살
수 있는 것은 아닙니다.
따라서 글의 내용을 바르게 이해한 친구는
⑤입니다.

3 가지 한 거리는 50개이므로 한 상자에 가지
를 50÷2=25(개)씩 포장해야 합니다.

4 달걀 한 꾸러미는 10개이므로 아홉 꾸러미
는 90개입니다.
따라서 달걀을 90÷6=15(명)에게 나누어
줄 수 있습니다.

5 고등어 한 손은 2마리이므로 열 손은 20마
리이고, 열 손씩 두 묶음은 40마리입니다.
따라서 한 상자에 고등어가 40÷2=20(마
리) 들어 있습니다.

05 나머지가 없는 (몇십몇)÷(몇) 계산하기

step **3** 개념 연결 문제   036~037쪽

1 (1) 21 (2) 24 (3) 12 (4) 16
2   **3** 27
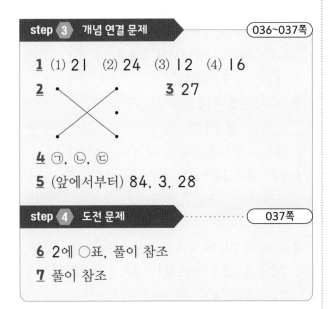
4 ㉠, ㉡, ㉢
5 (앞에서부터) 84, 3, 28

step **4** 도전 문제   037쪽

6 2에 ○표, 풀이 참조
7 풀이 참조

1 (1)
```
     2 1
 2 ) 4 2
     4
     ─────
       2
       2
     ─────
       0
```
(2)
```
     2 4
 3 ) 7 2
     6
     ─────
     1 2
     1 2
     ─────
       0
```
(3)
```
     1 2
 4 ) 4 8
     4
     ─────
       8
       8
     ─────
       0
```
(4)
```
     1 6
 6 ) 9 6
     6
     ─────
     3 6
     3 6
     ─────
       0
```

2 96÷2=48, 84÷7=12입니다.

3 가을이가 들고 있는 식의 계산은
36÷3=12이고, 겨울이가 들고 있는 식의
계산은 75÷5=15이므로 두 식의 계산 결
과의 합은 12+15=27입니다.

4 ㉠ 96÷8=12, ㉡ 65÷5=13,
㉢ 34÷2=17입니다.
12<13<17이므로 몫이 작은 것부터 순서
대로 기호를 쓰면 ㉠, ㉡, ㉢입니다.

5 수 카드 3 , 4 , 8 중 2장을 골라 한
번씩만 사용하여 만들 수 있는 가장 큰 두 자
리 수는 84이고, 남은 수 카드의 수는 3이
므로 84÷3=28입니다.

6 나누어지는 수가 같을 때 나누는 수가 작을
수록 몫이 큽니다. 따라서 56을 나누었을 때
몫을 가장 크게 하는 수는 2, 4, 7, 8 중 가
장 작은 수인 2입니다.

7
```
     1 3
 4 ) 5 2
     4
     ─────
     1 2
     1 2
     ─────
       0
```

나누어지는 수 52의 십의 자리 수 5를 4로
나누어 1을 쓰고 이에 4를 곱한 값을 5 아래
에 써야 하는데 이를 일의 자리 수 2 아래에

쓰고 뺄셈을 했습니다. 1이 나타내는 수는 1이 아니라 10이기 때문입니다.

---

1 활빈당
2 13가마니
3 ②, ③
4 96÷2=48, 48냥
5 13

---

1 홍길동은 홍길동의 뛰어난 도술 실력에 대한 소문을 듣고 모인 사람들을 모아 활빈당이라는 무리를 만들었습니다.

2 쌀 52가마니를 수레 4개에 똑같이 나누어 실었으므로 수레 한 개에 싣고 간 쌀은 52÷4=13(가마니)입니다.

3 홍길동은 해인사의 곳간에 쌓여 있던 재물을 몽땅 수레에 싣고 떠났으므로 '홍길동 합천 해인사 털어먹듯'과 어울리는 상황은 ②, ③ 입니다.

4 엽전 96냥을 주머니 2개에 똑같이 나누어 담으면 주머니 한 개에 담은 엽전은 96÷2=48(냥)입니다.

5 (전체 자루의 수)=18+60=78(자루)이고, 여섯 집에 똑같이 나누어 주기기 바란다고 했으므로
(한 집에 나누어 주는 자루의 수)
=78÷6=13(자루)입니다.

---

06 나머지가 있는 (몇십몇)÷(몇) 계산하기

step 3 개념 연결 문제

1 (1) 7, 5 (2) 16, 2 (3) 8, 8 (4) 15, 2
2 ㉢
3 여름
4 □÷9에 ○표
5 ㉢, 6

---

step 4 도전 문제

6 풀이 참조, 29   **7** 2, 풀이 참조

1 (1)
$$7)\overline{54} \quad 7\cdots5$$
$$\underline{49}$$
$$5$$

(2)
$$5)\overline{82} \quad 16\cdots2$$
$$\underline{5}$$
$$32$$
$$\underline{30}$$
$$2$$

(3)
$$9)\overline{80} \quad 8\cdots8$$
$$\underline{72}$$
$$8$$

(4)
$$6)\overline{92} \quad 15\cdots2$$
$$\underline{6}$$
$$32$$
$$\underline{30}$$
$$2$$

2 ㉠ 39÷2=19…1, ㉡ 43÷3=14…1,
㉢ 54÷4=13…2
13<14<19이므로 몫이 가장 작은 나눗셈은 ㉢입니다.

3 겨울: 75÷4=18…3,
봄: 92÷7=13…1,
여름: 88÷6=14…4
1<3<4이므로 나머지가 가장 큰 나눗셈을 쓴 사람은 여름입니다.

4 나머지는 나누는 수보다 작아야 하므로 나머지가 6이 되려면 나누는 수는 6보다 커야 합니다. 따라서 나머지가 6이 될 수 있는 나눗셈은 □÷9입니다.

5 ㉠ 75÷5=15, ㉡ 91÷7=13,
㉢ 94÷8=11…6이므로 나누어떨어지지 않는 나눗셈은 ㉢이고 나머지는 6입니다.

6 98÷4=24…2, 89÷6=14…5
따라서 ㉠=24, ㉡=5이고, ㉠+㉡=29입니다.

7 ☆ 안에 0부터 차례로 수를 넣어 보면
70÷3=23…1, 71÷3=23…2,
72÷3=24로 나누어 떨어지므로 ☆ 안에

6

알맞은 가장 작은 한 자리 수는 2입니다.

1 ⑤

2 욕심, 반성, 양보, 우애

3 9마리, 4마리, 3마리

4 2, 4, 5

1 하인은 자신이 가진 소 한 마리를 세 아들에게 주었다가 세 아들이 부자의 유언에 따라 소를 나누어 갖고 남은 소 한 마리를 다시 돌려받았으므로 ⑤입니다.

2 부자가 유언을 남긴 까닭은 세 아들이 욕심을 부렸던 자신들의 행동을 반성하고 서로 양보하며 우애 있게 지내기를 바랐기 때문입니다.

3 $19 \div 2 = 9 \cdots 1$이므로 첫째 아들은 소 9마리, $19 \div 4 = 4 \cdots 3$이므로 둘째 아들은 소 4마리, $19 \div 5 = 3 \cdots 4$이므로 셋째 아들은 소 3마리를 갖게 됩니다.

4 20은 2로 나누면 몫은 10이고 나머지가 0이며, 4로 나누면 몫은 5이고 나머지가 0입니다. 또한 5로 나누면 몫은 4이고 나머지가 0입니다.

07 (세 자리 수) ÷ (한 자리 수) 계산하기

1 (1) 38 　(2) 76

2 (1) 157, 1 　(2) 66, 3

3 (1) 139 　(2) 34

4 ㉢, ㉠, ㉡ 　　　　**5** (1) 248 　(2) 5

---

6 6 　　　　　　**7** 34, 3

2 (1)
$$\begin{array}{r} 157 \cdots 1 \\ 3{\overline{\smash{\big)}\,472}} \\ \underline{3} \\ 17 \\ \underline{15} \\ 22 \\ \underline{21} \\ 1 \end{array}$$

(2)
$$\begin{array}{r} 66 \cdots 3 \\ 6{\overline{\smash{\big)}\,399}} \\ \underline{36} \\ 39 \\ \underline{36} \\ 3 \end{array}$$

3 (1) 417 > 3이므로 $417 \div 3 = 139$입니다.

(2) 204 > 6이므로 $204 \div 6 = 34$입니다.

4 ㉠ $262 \div 4 = 65 \cdots 2$,

㉡ $356 \div 5 = 71 \cdots 1$,

㉢ $400 \div 6 = 66 \cdots 4$

따라서 나머지가 작은 것부터 순서대로 기호를 쓰면 ㉡, ㉠, ㉢입니다.

5 (1) $496 \div 2 = 248 \rightarrow \bigcirc = 248$

(2) $248 \div 9 = 27 \cdots 5 \rightarrow \triangle = 5$

6
$$\begin{array}{r} 64 \\ 7{\overline{\smash{\big)}\,4\,㉠\,㉡}} \\ \underline{4\,㉢} \\ ㉣\,㉡ \\ ㉤\,㉥ \\ \underline{} \\ 3 \end{array}$$

$7 \times 6 = 42$이므로 ㉢ = 2

$7 \times 4 = 28$이므로 ㉤ = 2, ㉥ = 8

㉣㉡ $- 28 = 3$이므로 ㉣ = 3, ㉡ = 1

$4㉠ - 42 = 3$이므로 ㉠ = 5

7 어떤 수를 ☐라 하면

☐ $\times 5 = 865 \rightarrow 865 \div 5 = ☐$, ☐ $= 173$

$173 \div 5 = 34 \cdots 3$

1 자수성가 **2** ㉣, ㉠, ㉤, ㉡, ㉢

3 500÷4=125, 125섬

4 125÷7=17…6, 17가구, 6섬

1 김만덕은 스스로의 힘으로 <u>자수성가</u>하여 엄청난 재산을 모았다는 글의 내용으로 미루어 보아 '물려받은 재산이 없이 자기 혼자의 힘으로 집안을 일으키고 재산을 모음'이라는 뜻을 가진 사자성어는 '자수성가'입니다.

2 ㉣ 김만덕이 12세 되던 해에 부모님께서 돌아가셨지만 ㉠ 제주도에서 객주를 운영하여 많은 재산을 모았습니다. 그러던 어느 날 ㉤ 자연재해가 발생하여 제주도민들이 굶주리게 되자 ㉡ 김만덕이 재산을 제주도민들에게 나누어 주었습니다. 이에 ㉢ 임금은 김만덕에게 금강산 구경이라는 상을 내렸습니다.

3 500÷4=125(섬)이므로 마을 한 곳에 쌀을 125섬씩 나누어 줄 수 있습니다.

4 125÷7=17…6이므로 쌀을 한 가구에 7섬씩 17가구까지 나누어 갖고 6섬이 남습니다.

08 맞게 계산했는지 확인하기

1 (1) 9, 3, 57 (2) 8, 2, 74

2 (1) 풀이 참조, 14, 3, 4×14=56, 56+3=59

   (2) 풀이 참조, 14, 1, 3×14=42, 42+1=43

3

4 (1) 79 (2) 100

5 (1) 213, 9 (2) 23, 6

6 풀이 참조, 5

1 (1) 57÷6=9…3

   확인 6×9=54 → 54+3=57

   (2) 74÷9=8…2

   확인 9×8=72 → 72+2=74

2 (1)

```
     1 4 …3
  4 ) 5 9
      4
      1 9
      1 6
        3
```

   확인 4×14=56 → 56+3=59

   (2)

```
     1 4 …1
  3 ) 4 3
      3
      1 3
      1 2
        1
```

   확인 3×14=42 → 42+1=43

3 46÷7=6…4이므로 나누는 수는 7이고 몫은 6, 나머지는 4입니다.

   7×6=42 → 42+4=46입니다.

   23÷3=7…2이므로 나누는 수는 3이고 몫은 7, 나머지는 2입니다.

   3×7=21 → 21+2=23입니다.

   33÷5=6…3이므로 나누는 수는 5이고 몫은 6, 나머지는 3입니다.

   5×6=30 → 30+3=33입니다.

4 (1) 나누는 수가 8이고 몫이 9, 나머지가 7입니다. 8×9=72 → 72+7=79이므로 나누어지는 수는 79입니다.

   따라서 □=79입니다.

   (2) 나누는 수가 6이고 몫이 16, 나머지가 4입니다. 6×16=96 → 96+4=100

이므로 나누어지는 수는 100입니다.
따라서 □=100입니다.

5 (1) 9×23=207 → ○=207,
207+6=213 → △=213
나누어지는 수 213은 나누는 수 9와 몫
23의 곱에 나머지 6을 더한 값과 같습니
다.
따라서 계산한 나눗셈식은 213÷9입니
다.

(2) 213÷9=23…6의 몫은 23이고, 나
머지는 6입니다.

6 어떤 수를 □라 하면 64÷□=12…4
나누는 수는 □이고, 몫은 12, 나머지는 4이
므로 □×12=64−4=60, □=5

step 5 수학 문해력 기르기 — 057쪽

1 ③ 2 ②
3 ( ) ( ) (○)
4 50개
5 (1) 5, 4 (2) 6×5=30, 30+4=34

1 '고작' 대신 쓸 수 있는 표현으로 가장 알맞은
것은 '겨우'입니다.

2 '아연실색'은 '뜻밖의 일에 얼굴빛이 변할 정
도로 놀람'이라는 뜻을 가진 사자성어입니다.

3 지나가던 사람은 어차피 땅속에 묻어 두고
쓰지도 않는 금덩어리이니 돌덩어리와 마찬
가지이므로 돌덩어리를 금덩어리라고 생각하
라고 하였습니다.

4 나누는 수가 8, 몫이 6, 나머지가 2입니다.
8×6=48 → 48+2=50이므로 나누어
지는 수는 50입니다. 따라서 구두쇠가 땅속
에 묻은 금괴는 50개입니다.

5 (1) 하인이 훔쳐 가고 남은 금괴는 34개이고,
34÷6=5…4이므로 한 상자에 금괴를
5개씩 담고 4개가 남습니다.

(2) 34÷6=5…4이므로 나누는 수는 6이
고 몫은 5, 나머지는 4입니다.
6×5=30 → 30+4=34입니다.

09 원의 구성 요소

step 3 개념 연결 문제 — 060~061쪽

1 6 cm 2 풀이 참조
3 ㉡, ㉢, ㉠, ㉣ 4 겨울
5 14 cm, 7 cm

step 4 도전 문제 — 061쪽

6 (1), (2) 풀이 참조

1 모눈 한 칸의 길이가 1 cm이므로 원의 지름
의 길이는 6 cm입니다.

2
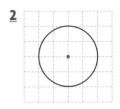

3 ㉡ 반지름의 길이가 6 cm인 원 → 지름의
길이가 12 cm인 원, ㉣ 반지름의 길이가
2 cm인 원 → 지름의 길이가 4 cm인 원
12>7>5>4이므로 지름의 길이가 긴 원
부터 차례대로 기호를 쓰면 ㉡−㉢−㉠−㉣
입니다.

4 한 원에서 지름의 길이는 반지름의 길이의 2
배이므로 원의 성질을 잘못 설명한 친구는
겨울입니다.

5 원 안에서 원의 중심을 지나는 가장 긴 선분이
지름이므로 지름의 길이는 14 cm이고, 반지

름의 길이는 지름의 길이의 반이므로 7 cm
입니다.

6

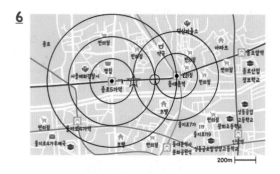

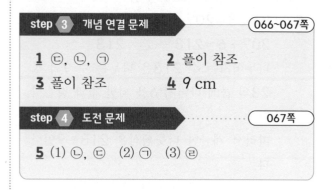

step **3** 개념 연결 문제   066~067쪽

1 ㉢, ㉡, ㉠   **2** 풀이 참조
3 풀이 참조   **4** 9 cm

step **4** 도전 문제   067쪽

5 (1) ㉡, ㉢ (2) ㉠ (3) ㉣

step **5** 수학 문해력 기르기   063쪽

1 사랑으로 굴리는 바퀴
2 연진
3 (1) ㉡, ㉢
   (2) 지름: 70 cm, 반지름: 35 cm; 풀이
      참조

1 이 뉴스는 '사랑으로 굴리는 바퀴' 행사에 대
   한 뉴스입니다.
2 행사에 참가한 어린이들이 자전거를 타고
   25 km를 다 달리면 어린이들을 응원하는
   사람들이 기부금을 내므로 '연진'입니다.
3 (1) 원의 중심은 원의 한가운데 있는 점이므
      로 ㉡입니다.
      원의 반지름은 원의 중심과 원 위의 한 점
      을 이은 선분이므로 ㉢입니다.
   (2) 원의 지름의 길이는 70 cm이고 원의 반
      지름의 길이는 35 cm입니다. 한 원에서
      지름의 길이는 반지름의 길이의 2배입니
      다.

1 ① 원의 중심이 되는 점 ㅇ을 정하기
   ② 컴퍼스를 원의 반지름의 길이 2 cm만큼
      벌리기
   ③ 컴퍼스의 침을 점 ㅇ에 꽂고 원 그리기의
      순으로 반지름의 길이가 2 cm인 원을 그
      리기
   따라서 ㉢-㉡-㉠입니다.

2

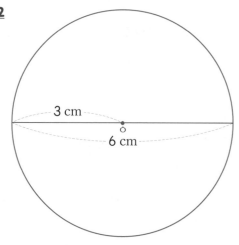

3

4 가장 큰 원의 반지름의 길이는 세 번째로 큰
   원의 지름의 길이와 같으므로 18 cm입니
   다. 또한 세 번째로 큰 원의 반지름은 가장
   작은 원의 지름의 길이와 같으므로 가장 작
   은 원의 지름의 길이는 9 cm입니다.

5 (1) ⓒ은 반지름의 길이를 같게 하고 원의 중심을 오른쪽으로 옮겨 가며 원을 그렸습니다. 또한 ⓔ은 반지름의 길이를 같게 하고 원의 중심을 시계 방향으로 옮겨 가며 원을 그렸습니다.

(2) ㉠은 원의 중심을 오른쪽으로 옮겨 가고, 원의 반지름을 다르게 하여 원을 그렸습니다.

(3) ⓔ은 원의 중심은 움직이지 않고 반지름을 늘려 가며 원을 그렸습니다.

---

1 ②

2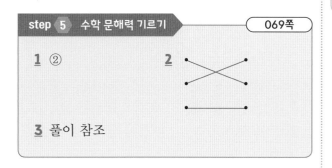

3 풀이 참조

---

1 올림픽기는 1920년 올림픽 때 처음으로 게양되었으나 그 장소는 알 수 없으므로 ②입니다.

2 원들의 개수—5대륙, 원들의 겹친 모양—만남, 원들의 크기—평등을 나타냅니다.

3 원의 반지름의 길이는 5 cm로 같게 하고, 원의 중심을 오른쪽으로 10 cm씩 옮겨 가며 위쪽에 원 3개, 아래쪽에 원 2개를 그렸습니다.

---

11 전체를 똑같이 나누기

1 (1) $\frac{1}{4}$ (2) $\frac{3}{5}$ **2** (1) 9 (2) 14

3 (1) $\frac{4}{6}$ (2) $\frac{2}{6}$, 10개

4 ⓔ, ⓒ, ㉠, ⓛ

5 (1) 8 cm (2) 32 cm

6 9개, 8개, 19개   **7** 풀이 참조, 10

---

1 (1) 색칠한 부분은 똑같은 4묶음 중의 1묶음이므로 $\frac{1}{4}$입니다.

(2) 색칠한 부분은 똑같은 5묶음 중의 3묶음이므로 $\frac{3}{5}$입니다.

2 (1) 쿠키 24개를 똑같이 8묶음으로 나누면 한 묶음은 3개입니다. → 24의 $\frac{3}{8}$은 9

(2) 35 cm를 똑같이 5로 나눈 것 중의 1은 7 cm입니다. → 35의 $\frac{2}{5}$는 14

3 (1) 사탕 30개를 5개씩 묶으면 6묶음이 되고 20개는 6묶음 중의 4묶음입니다.

→ 윤호가 먹은 사탕은 전체의 $\frac{4}{6}$입니다.

(2) 남은 사탕은 6묶음 중의 2묶음이므로 전체의 $\frac{2}{6}$이고, 5개씩 2묶음이므로 10개입니다.

4 ㉠: 3, ⓛ: 2, ⓒ: 4, ⓔ: 10
10>4>3>2이므로 ⓔ−ⓒ−㉠−ⓛ입니다.

5 (1) 전체 길이를 똑같이 4로 나눈 것 중의 3이 24 cm이므로 나무 막대 한 개의 길이는 24÷3=8(cm)입니다.

(2) 전체 길이를 똑같이 4로 나눈 것 중의 1
이 8 cm이므로 전체의 길이는
8×4=32(cm)입니다.

6 우유 36개를 똑같이 4묶음으로 나누면 1묶
음은 9개이므로 초코우유는 9개입니다.
우유 36개를 똑같이 9묶음으로 나누면 1묶
음은 4개이므로 딸기우유는 8개입니다.
바나나우유는 전체 우유의 개수에서 초코우
유와 딸기우유의 수를 뺀 나머지이므로
36−9−8=19(개)입니다.

7 3묶음이 18이므로 1묶음은 6입니다. 총 5
묶음이므로 어떤 수는 30입니다. 30의 $\frac{2}{6}$는
30을 6묶음으로 나눈 것 중 2묶음입니다.
30을 6묶음으로 나누면 1묶음이 5개, 2묶
음이 10개입니다. 따라서 어떤 수의 $\frac{2}{6}$는
10입니다.

4 20을 똑같이 5묶음으로 나누면 한 묶음은
4이므로 3묶음은 12입니다.

5 12를 똑같이 4묶음으로 나누면 한 묶음은 3
이므로 3묶음은 9입니다. → 남은 말은
12−9=3(개)입니다.

step 3 개념 연결 문제 　　　　　078~079쪽

1 진분수: $\frac{3}{5}$, $\frac{4}{9}$, $\frac{7}{11}$, $\frac{2}{3}$;

　　가분수: $\frac{15}{7}$, $\frac{40}{9}$

2 $\frac{1}{5}$, $\frac{2}{5}$, $\frac{3}{5}$, $\frac{4}{5}$

3 풀이 참조　　　　**4** 풀이 참조

5 $\frac{6}{6}$　　　　　　**6** 봄, 3=$\frac{9}{3}$

step 4 도전 문제 　　　　　079쪽

7 $\frac{4}{3}$, $\frac{6}{3}$, $\frac{9}{3}$, $\frac{6}{4}$, $\frac{9}{4}$, $\frac{9}{6}$

8 $\frac{10}{4}$

step 5 수학 문해력 기르기 　　　075쪽

1 ②　　　　　　**2** 개, 걸, 윷, 모

3 4명　　　　　　**4** 12개

5 3개

1 이 글을 읽고 윷놀이의 유래를 알 수는 없습
니다.

2 ㉠ 윷 네 개 중 두 개가 젖혀졌으므로 '개'입
니다.
　㉡ 윷 네 개 중 세 개가 젖혀졌으므로 '걸'입
니다.
　㉢ 윷 네 개 중 네 개가 젖혀졌으므로 '윷'입
니다.
　㉣ 윷 네 개가 모두 엎어졌으므로 '모'입니다.

3 12명을 4명씩 묶으면 3팀이 되고 3팀 중의
1팀은 4명입니다.

1 진분수는 분자가 분모보다 작은 분수이므로
$\frac{3}{5}$, $\frac{4}{9}$, $\frac{7}{11}$, $\frac{2}{3}$이고, 가분수는 분자가 분
모와 같거나 분모보다 큰 분수이므로 $\frac{15}{7}$,
$\frac{40}{9}$입니다.

2 분모가 5인 진분수는 분자가 5보다 작아야
하므로 $\frac{1}{5}$, $\frac{2}{5}$, $\frac{3}{5}$, $\frac{4}{5}$입니다.

3 수직선 작은 눈금 한 칸의 크기는 $\frac{1}{9}$이므로

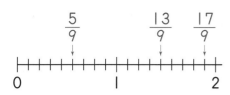

$$\frac{5}{9} \qquad \frac{13}{9} \quad \frac{17}{9}$$

4 진분수는 분자가 분모보다 작아야 하므로 분자와 분모가 같은 $\frac{7}{7}$은 진분수가 아닙니다.

5 분모가 6인 가분수는 분자가 6이거나 6보다 큰 분수이므로 분자가 될 수 있는 가장 작은 수는 6입니다. 따라서 $\frac{6}{6}$입니다.

6 자연수 3을 분모가 3인 분수로 나타내면 $\frac{9}{3}$이므로 자연수를 분수로 잘못 나타낸 친구는 봄이입니다.

7 가분수는 분자가 분모와 같거나 분모보다 큰 분수이므로

분모가 3인 경우: $\frac{4}{3}$, $\frac{6}{3}$, $\frac{9}{3}$

분모가 4인 경우: $\frac{6}{4}$, $\frac{9}{4}$

분모가 6인 경우: $\frac{9}{6}$

8 가분수이므로 분자는 분모보다 큽니다. 분모와 분자의 합이 14이고, 분모와 분자의 차가 6이므로 분모는 4, 분자는 10입니다. 따라서 정답은 $\frac{10}{4}$입니다.

step 5 수학 문해력 기르기   081쪽

1 가을에 ○표   **2** (1) $\frac{2}{5}$ (2) $\frac{11}{6}$

3 진분수: $\frac{3}{8}$; 가분수: $\frac{22}{11}$, $\frac{9}{7}$

4 ③

1 '엿장수 마음대로'는 무슨 일을 제 마음대로 이랬다저랬다 할 때 쓰는 속담이므로 동생이

사탕을 주겠다고 하다가 주지 않겠다고 할 때 '엿장수 마음대로'라는 속담을 쓴 '가을'입니다.

2 (1) $\frac{1}{5}$이 2개이므로 $\frac{2}{5}$

(2) $\frac{1}{6}$이 11개이므로 $\frac{11}{6}$

3 진분수는 분자가 분모보다 작은 분수이므로 $\frac{3}{8}$이고, 가분수는 분자가 분모와 같거나 분모보다 큰 분수이므로 $\frac{22}{11}$, $\frac{9}{7}$입니다.

4 예전에는 맛있는 간식거리가 흔치 않아 엿을 먹고 싶은 마음에 집 안에 있는 멀쩡한 물건들을 몰래 가져다 엿과 바꾸기도 했으므로 ③입니다.

13 대분수

step 3 개념 연결 문제   084~085쪽

1 (1) 2와 8분의 3   (2) 5와 9분의 4

2 풀이 참조

3 1, 2, 3, 4, 5, 6

4 (1) $\frac{7}{6}$ (2) $3\frac{1}{8}$ (3) $\frac{23}{7}$ (4) $6\frac{2}{4}$

5 ㉡   **6** ㉡

step 4 도전 문제   085쪽

7 $\frac{27}{4}$ **8** $2\frac{7}{11}$

2 진분수: $\frac{1}{2}$, $\frac{3}{4}$, $\frac{5}{7}$, ……

가분수: $\frac{7}{4}$, $\frac{6}{2}$, $\frac{5}{3}$, ……

대분수: $6\frac{3}{5}$, $4\frac{1}{2}$, $5\frac{4}{6}$, ……

3 대분수는 자연수와 진분수로 이루어져 있습니다. $\dfrac{\square}{7}$는 진분수이므로 □ 안에 들어갈 수 있는 수는 7보다 작은 1, 2, 3, 4, 5, 6입니다.

4 (1) $1=\dfrac{6}{6}$이므로 $1\dfrac{1}{6}=\dfrac{7}{6}$

(2) $\dfrac{25}{8}$에서 $\dfrac{24}{8}=3$이고 나머지 $\dfrac{1}{8}$을 진분수로 나타내면 $\dfrac{25}{8}=3\dfrac{1}{8}$

(3) $3=\dfrac{21}{7}$이므로 $3\dfrac{2}{7}=\dfrac{23}{7}$

(4) $\dfrac{26}{4}$에서 $\dfrac{24}{4}=6$이고 나머지 $\dfrac{2}{4}$를 진분수로 나타내면 $\dfrac{26}{4}=6\dfrac{2}{4}$

5 ㉠ $5\dfrac{2}{3}=\dfrac{17}{3}$, ㉡ $3\dfrac{3}{4}=\dfrac{15}{4}$, ㉢ $2\dfrac{1}{9}=\dfrac{19}{9}$

이므로 분자가 가장 작은 분수는 ㉡입니다.

6 $\dfrac{20}{7}=2\dfrac{6}{7}$이므로 ㉠=6, $\dfrac{33}{10}=3\dfrac{3}{10}$이므로 ㉡=3입니다. 더 작은 것은 ㉡입니다.

7 대분수는 자연수와 진분수로 이루어졌으므로 □ 안에 들어갈 수 있는 수는 분모 4보다 작은 수입니다. 4보다 작은 수 중 가장 큰 수는 3이므로 $6\dfrac{3}{4}=\dfrac{27}{4}$입니다.

8 대분수이므로 자연수와 진분수로 이루어져 있습니다.

2보다 크고 3보다 작으므로 대분수의 자연수 부분은 2입니다.

분모와 분자의 합이 18인데 분모가 11이므로 분자는 7입니다.

따라서 조건을 모두 만족하는 분수는 $2\dfrac{7}{11}$입니다.

---

1 망연자실   **2** 봄에 ○표

3 $4\dfrac{8}{9}$; 4와 9분의 8

4 $\dfrac{27}{7}$ **5** 10

---

1 아들은 포도나무가 모두 죽어 텅 빈 포도밭을 망연자실하게 바라보았으므로 '멍하니 정신을 잃다'가 뜻하는 사자성어는 '망연자실'입니다.

2 맛있는 포도를 따기 위해서는 울타리를 튼튼하게 만들어야 한다고 가르치셨던 아버지의 말씀을 듣지 않고 포도를 더 많이 따려고 울타리를 없애 버린 아들은 결국 포도나무를 모두 잃고 말았습니다. 이처럼 당장 눈앞의 작은 이익을 얻으려다가 먼 미래의 큰 행복을 놓친다는 점을 배운 친구는 봄이입니다.

4 $3=\dfrac{21}{7}$이므로 $3\dfrac{6}{7}=\dfrac{27}{7}$

5 $\dfrac{27}{\square}=2\dfrac{7}{\square}$이므로 27은 □×2에 7을 더한 값과 같습니다. □×2=20이므로 □=10입니다.

---

14 분수의 크기 비교

1 가을   **2** 빨간색 끈

3 $4\dfrac{3}{5}$과 $3\dfrac{4}{5}$에 ○표

4 (1) <   (2) <   (3) >   (4) =

5 $\dfrac{25}{6}$, $3\dfrac{2}{6}$, $\dfrac{19}{6}$ **6** 1, 2, 3

7 가을, 봄, 여름   **8** 수학, 20

1 $\dfrac{13}{6}$은 $\dfrac{1}{6}$이 13개인 수입니다. 15>13이

므로 $\dfrac{15}{6}>\dfrac{13}{6}$입니다.

2 $6\dfrac{5}{11}$와 $6\dfrac{2}{11}$의 자연수 부분은 6으로 같고,

분자의 크기를 비교하면 5>2이므로 빨간색

끈의 길이가 더 깁니다.

3 먼저 자연수 부분의 크기를 비교하면

6>4>3이므로 $6\dfrac{1}{5}$보다 작은 분수는 $4\dfrac{3}{5}$,

$3\dfrac{4}{5}$입니다.

5 $3\dfrac{2}{6}$를 가분수로 나타내면 $\dfrac{20}{6}$이므로 가장

큰 분수부터 순서대로 쓰면 $\dfrac{25}{6}$, $\dfrac{20}{6}$, $\dfrac{19}{6}$

입니다.

6 $\dfrac{9}{5}=1\dfrac{4}{5}$이므로 □ 안에 들어갈 수 있는 수는

4보다 작은 1, 2, 3입니다.

7 봄이의 기록 $5\dfrac{3}{4}$을 가분수로 바꾸면 $\dfrac{23}{4}$입

니다. 가장 큰 분수부터 순서대로 쓰면 $\dfrac{25}{4}$,

$\dfrac{23}{4}$, $\dfrac{21}{4}$이므로 멀리 던진 사람부터 차례로

이름을 쓰면 가을, 봄, 여름입니다.

8 1시간=60분이므로 60분을 똑같이 6으로

나눈 것 중의 1은 10분입니다.

수학 공부: $1\dfrac{4}{6}$시간=1시간 40분, 국어 공

부: $\dfrac{8}{6}$시간=80분 → 80분=1시간 20분

따라서 가을이는 수학 공부를 20분 더 많이

했습니다.

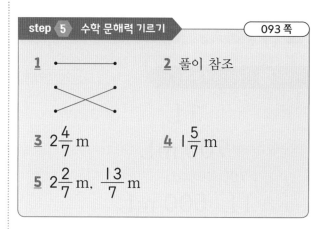

093 쪽

step **5** 수학 문해력 기르기

1 [선 연결 그림]
2 풀이 참조

3 $2\dfrac{4}{7}$ m
4 $1\dfrac{5}{7}$ m

5 $2\dfrac{2}{7}$ m, $\dfrac{13}{7}$ m

1 고생-머슴살이, 끝에-머슴살이가 끝나는

날, 낙이 온다-엽전 꾸러미입니다.

2 예 매일 줄넘기를 30분씩 했더니 몸이 건강

해졌어.

3 $\dfrac{11}{7}=1\dfrac{4}{7}$이고, 자연수 부분의 크기를 비교

하면 2>1이므로 $2\dfrac{4}{7}>\dfrac{11}{7}$입니다.

4 $\dfrac{13}{7}=1\dfrac{6}{7}$이므로 가장 큰 분수부터 차례대로

쓰면 $2\dfrac{2}{7}>\dfrac{13}{7}>1\dfrac{5}{7}$입니다.

5 복동이가 꼰 새끼: $2\dfrac{4}{7}$, $\dfrac{11}{7}=1\dfrac{4}{7}$,

덕만이가 꼰 새끼: $2\dfrac{2}{7}$, $\dfrac{13}{7}=1\dfrac{6}{7}$, $1\dfrac{5}{7}$

$\dfrac{12}{7}=1\dfrac{5}{7}$이므로

$\dfrac{11}{7}<\dfrac{12}{7}<\dfrac{13}{7}<2\dfrac{2}{7}<2\dfrac{3}{7}<2\dfrac{4}{7}$입니다.

따라서 $\dfrac{13}{7}$, $2\dfrac{2}{7}$입니다.

step **3** 개념 연결 문제 ▶ 096~097쪽

1 (1) 3 L ; 3 리터

(2) 700 mL
; 700 밀리리터

(3) 1 L 500 mL
; 1 리터 500 밀리리터

2 2003, 2, 3; 2400, 2, 400;
3203, 3, 203

3 (1) 가: mL에 ○표, 나: mL에 ○표,
다: L에 ○표, 라: L에 ○표,
마: mL에 ○표, 바: L에 ○표

(2) 바, 라, 다, 마, 나, 가

step **4** 도전 문제 ▶ 097쪽

4 (위에서부터) 5, 4000, 3, 2000, 1

5 샘물회사

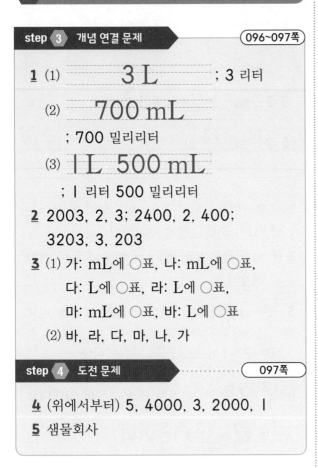

5 10 L의 물을 부었을 때 샘물회사는
9170 mL의 물이, 맑음회사는 8870 mL
의 물이 나왔습니다. 샘물회사의 정수기가 정
수된 물이 300 mL 더 많이 나오므로 샘물
회사의 정수기를 구매하는 것이 더 좋습니다.

step **5** 수학 문해력 기르기 ▶ 099쪽

1 밑, 독, 물   **2** ③

3 6, 450   **4** ㉢, ㉡, ㉠

5

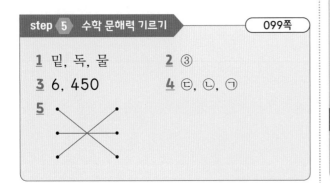

1 아무리 독에 물을 부어도 밑에 뚫린 구멍 때
문에 물이 차지 않았으므로 '아무리 애써 하
더라도 아무 보람이 없는 경우'를 뜻하는 속
담은 '밑 빠진 독에 물 붓기'입니다.

2 소녀는 한 개 남은 독에 어서 물을 채우고 잔
칫집에 갈 생각에 설렜지만, 물을 부을 때마
다 금세 독이 비어 버리자 당황했으므로 ③
입니다.

3 독에 든 물은 6 L보다 450 mL 더 많으므로
6 L 450 mL입니다.
따라서 ㉮=6, ㉯=450입니다.

4 물을 부은 횟수를 비교하면 7>5>4이므로
㉢-㉡-㉠의 순으로 들이가 많습니다.

5 1 L=1000 mL이므로 6 L=6000 mL
입니다.
6020 mL=6000 mL+20 mL
＝6 L+20 mL
＝6 L 20 mL
6 L 200 mL=6 L+200 mL
＝6000 mL+200 mL
＝6200 mL

step **3** 개념 연결 문제 ▶ 102~103쪽

1 (1) 3 L 700 mL

(2) 오렌지주스, 1 L 300 mL

2 (1) 7600 mL   (2) 5 L 900 mL
(3) 2800 mL   (4) 2 L 200 mL

3 1 L 490 mL

4 (1) 900 mL, 500 mL

(2) 1 L 400 mL

step **4** 도전 문제 ▶ 103쪽

5 7 L 500 mL   **6** 풀이 참조

1 (1) 도윤이가 사온 오렌지주스는
　　2 L 500 mL이고, 포도주스는
　　1 L 200 mL이므로 도윤이가 사 온 주
　　스는 모두 3 L 700 mL입니다.

$$
\begin{array}{r}
2\,\text{L}\ 500\,\text{mL} \\
+\ 1\,\text{L}\ 200\,\text{mL} \\
\hline
3\,\text{L}\ 700\,\text{mL}
\end{array}
$$

　(2) 오렌지 주스가 1 L 300 mL 더 많습니다.

$$
\begin{array}{r}
2\,\text{L}\ 500\,\text{mL} \\
-\ 1\,\text{L}\ 200\,\text{mL} \\
\hline
1\,\text{L}\ 300\,\text{mL}
\end{array}
$$

2 (1) 3600 mL＋4000 mL＝7600 mL
　(2) 2 L 300 mL＋3 L 600 mL
　　＝(2＋3) L＋(300＋600) mL
　　＝5 L 900 mL
　(3) 5800 mL－3000 mL＝2800 mL
　(4) 4 L 700 mL－2 L 500 mL
　　＝(4－2) L＋(700－500) mL
　　＝2 L 200 mL

3 수조에 4 L 990 mL만큼의 물이 들어 있었
　고, 남은 물이 3 L 500 mL이므로 증발된
　물의 양은
　4 L 990 mL－3 L 500 mL
　＝1 L 490 mL입니다.

4 (1) 우승이가 마신 우유의 양은
　　1 L 800 mL－900 mL＝900 mL입
　　니다.
　　연승이가 마신 우유의 양은
　　2 L－1 L 500 mL＝500 mL입니다.
　(2) 우승이와 연승이가 마신 우유의 양은
　　900 mL＋500 mL＝1 L 400 mL입
　　니다.

5 쓰레기통에 가득 들어 있는 쓰레기의 양은
　2 L 500 mL＋5 L＋5 L
　＝12 L 500 mL이므로 쓰레기들을 쓰레기
　봉투에 모두 넣고 남은 공간은

20 L－12 L 500 mL＝7 L 500 mL입
니다.

6 ⑩ 2 L 600 mL 물통으로 두 번 붓고,
　200 mL만큼 한 번 퍼냅니다. 이 밖에 다양
　한 방법이 있습니다.

step **5** 수학 문해력 기르기　　105쪽

1 (1) 오늘　(2) 우리 반
　(3) 옹기 마을　(4) 버스
2 물, 공기
3 (1) 2 L 800 mL　(2) 1 L 400 mL
　(3) 200 mL

2 옹기에 보관한 음식들이 오랫동안 썩지 않는
　이유는 옹기 벽에 나 있는 구멍들이 물은 통
　과시키지 않고 공기만 통과시켜 옹기가 숨을
　쉴 수 있게 하기 때문입니다.
3 (1) (옹기 그릇 ㉠과 ㉡에 담은 간장)
　　＝1200 mL＋1 L 600 mL
　　＝1 L 200 mL＋1 L 600 mL
　　＝2 L 800 mL
　(2) 1 L 400 mL＋1 L 400 mL
　　＝2 L 800 mL
　　이므로 각 옹기 그릇에 간장이
　　1 L 400 mL씩 있어야 합니다.
　(3) 1 L 600 mL－1 L 400 mL＝200 mL
　　이므로 옹기 그릇 ㉡에서 ㉠으로 간장을
　　200 mL 부어야 합니다.

17 무게의 단위와 무게 비교하기

step **3** 개념 연결 문제　　108~109 쪽

1 (1) 1　(2) 2　(3) 2000　(4) 5
2 2, 800

3 (1) 3000 (2) 2, 280
4 (1) > (2) >
5 kg에 ○표, g에 ○표

step **4** 도전 문제 109쪽

6 (1) (시계 방향으로) 1000, 2500,
3000, 3500
(2) 3 kg 700 g
7 ㉡, ㉢, ㉣, ㉠

1 (1) 1000 kg＝1 t
(2) 1000 kg＝1 t이므로 2000 kg＝2 t입니다.
(3) 1 t＝1000 kg이므로 2 t＝2000 kg입니다.
(4) 1000 kg＝1 t이므로 5000 kg＝5 t입니다.
2 가방에 책 4권을 넣었을 때의 무게는 2 kg보다 800 g 더 무거우므로 2 kg 800 g입니다.
3 (1) 1 kg＝1000 g이므로 3 kg＝3000 g입니다.
(2) 2280 g＝2000 g＋280 g
＝2 kg＋280 g＝2 kg 280 g
4 (1) 1500 g＝1 kg 500 g이므로
2 kg 100 g＞1 kg 500 g입니다.
따라서 2 kg 100 g＞1500 g입니다.
(2) 8700 g＝8 kg 700 g이므로
8 kg 700 g＞8 kg 400 g입니다.
따라서 8700 g＞8 kg 400 g입니다.
7 1 t은 1000 kg이므로 1050 kg보다 가볍습니다.
2 kg 300 g은 2300 g이므로 2410 g보다 가볍습니다.

step **5** 수학 문해력 기르기 111쪽

1 노새, 당나귀 **2** 8000 g
3 노새, 170 **4** 8 kg 900 g
5 봄

1 주인이 노새에게 당나귀보다 밥을 많이 준 까닭은 비록 지금은 당나귀와 노새가 무게가 같은 짐을 지고 걷고 있지만 더 무거운 짐을 지고도 오랫동안 걸을 수 있는 노새가 당나귀보다 더 많이 먹어야 한다고 생각했기 때문입니다.
2 1 kg＝1000 g이므로 8 kg＝8000 g입니다.
3 1320 g＝1 kg 320 g이므로
1 kg 150 g＜1 kg 320 g입니다.
1 kg 320 g－1 kg 150 g＝170 g이므로 노새에게 먹이를 170 g 더 주었습니다.
4 노새가 진 짐의 무게는 8 kg보다 900 g 더 무거우므로 8 kg 900 g입니다.
5 당나귀는 자신의 짐을 모두 노새에게 옮겨서 지고 가게 되자 자기 주제도 모르고 노새가 먹이를 더 많이 먹는다고 불평했던 것이 부끄러워 고개를 들 수가 없었으므로 알맞게 설명한 사람은 '봄'입니다.

18 무게의 덧셈과 뺄셈

step **3** 개념 연결 문제 .... 114~115쪽

1 (1) 9, 100 (2) 4, 570
2 (1) 사전, 노트북 (2) 노트북, 유리컵
3 (1) 말, 돼지, 펭귄 (2) 270 kg

step **4** 도전 문제 115쪽

4 풀이 참조, 3240 g 또는 3 kg 240 g
5 400 g

18

1 (1)
$$
\begin{array}{r}
1 \\
5 \text{ kg} \ \ 400 \text{ g} \\
+ \ 3 \text{ kg} \ \ 700 \text{ g} \\
\hline
9 \text{ kg} \ \ 100 \text{ g}
\end{array}
$$

(2)
$$
\begin{array}{r}
8 \quad 1000 \\
\cancel{9} \text{ kg} \ \ 250 \text{ g} \\
- \ 4 \text{ kg} \ \ 680 \text{ g} \\
\hline
4 \text{ kg} \ \ 570 \text{ g}
\end{array}
$$

2 (1) 3 kg 500 g을 만들려면 무거운 단위를 가진 노트북을 먼저 올려놓습니다.

3 kg 500 g−2 kg 300 g
=1 kg 200 g

이므로 사전 하나의 무게와 같습니다.

따라서 빈 접시에 노트북과 사전을 올려놓으면 됩니다.

(2) 2700 g을 만들려면 무거운 단위를 가진 노트북을 먼저 올려놓습니다.

2700 g−2300 g=400 g이므로 유리컵 하나의 무게와 같습니다.

따라서 빈 접시에 노트북과 유리컵을 올려놓으면 됩니다.

사전을 처음에 올려놓을 경우

2700 g−1200 g=1500 g이므로 더 올려놓을 물건이 없습니다.

3 (1) 엘리베이터에 기린과 말 또는 기린과 돼지를 태우면 1 t(1000 kg)이 넘으므로 같이 태울 수 없습니다.

엘리베이터에 기린을 태우면 동물 세 마리를 태울 수 없으므로 엘리베이터에 태울 수 있는 동물은 말, 돼지, 펭귄입니다.

(2) 말, 돼지, 펭귄의 무게의 합은

400 kg+300 kg+30 kg=730 kg입니다.

1 t=1000 kg이므로

1000 kg−730 kg=270 kg입니다.

따라서 270 kg까지 더 실을 수 있습니다.

4 만드는 중 증발하는 물의 양을 고려하지 않

는다면 케이크를 만드는 순서에 따라 재료의 무게를 모두 더하면 됩니다.

① 1 kg+20 g+15 g=1 kg 35 g

② 1 kg 35 g+500 g+500 g
　　　　　　　+300 g+400 g+5 g
=1 kg 1740 g=2 kg 740 g

③ 계란 흰자: 500 g

④ 2 kg 740 g+500 g=2 kg 1240 g
=3 kg 240 g

5 메달 6개의 무게는 150×6=900(g)입니다. 고리가 견디는 무게는 1 kg 300 g이므로 고리가 더 견딜 수 있는 무게는

1 kg 300 g−900 g=400(g)입니다.

1 당나귀, 소금 장수　**2** ⑤

3 꾀, 괘씸

4 15 kg 600 g−8 kg 700 g
=6 kg 900 g, 6 kg 900 g

5 3 kg 900 g+2 kg 200 g
=6 kg 100 g, 6 kg 100 g

2 '어김없이'는 '틀림없이'라는 의미를 가지며, '꼭', '당연히', '변함없이'와 비슷하므로 '종종' 과는 바꾸어 쓸 수 없습니다.

3 소금 장수는 당나귀의 꾀를 알아차리고 괘씸한 마음이 들었기 때문에 솜이 가득 들어 있는 자루를 당나귀의 등에 실어 혼내 주려고 했습니다.

4
$$
\begin{array}{r}
14 \quad 1000 \\
\cancel{15} \text{ kg} \ \ 600 \text{ g} \\
- \ 8 \text{ kg} \ \ 700 \text{ g} \\
\hline
6 \text{ kg} \ \ 900 \text{ g}
\end{array}
$$

5

$$
\begin{array}{r}
  3\,\mathrm{kg}\ \ 900\,\mathrm{g} \\
  +\ 2\,\mathrm{kg}\ \ 200\,\mathrm{g} \\
  \hline
  6\,\mathrm{kg}\ \ 100\,\mathrm{g}
\end{array}
$$

19 자료를 수집하여 표로 나타내고 해석하기

step 3 개념 연결 문제 ······ 120~121쪽

1 (1) 4명 (2) 6배
(3) 피아노, 오카리나, 리코더, 바이올린
2 풀이 참조

step 4 도전 문제 ······ 121쪽

3 (1) 풀이 참조 (2) 40명 (3) 풀이 참조

1 (1) (리코더를 배우고 싶어 하는 학생 수)
  ＝(조사한 전체 학생 수)
   －(피아노, 오카리나, 바이올린을 배우
   고 싶어 하는 학생 수의 합)
  ＝24－20＝4(명)
(2) 피아노를 배우고 싶어 하는 학생 수는 12
  명이고, 바이올린을 배우고 싶어 하는 학
  생 수는 2명입니다. → 12÷2＝6(배)
(3) 표에서 배우고 싶어 하는 악기별 학생 수
  를 비교하면 12>6>4>2이므로 가장
  많은 악기부터 순서대로 피아노, 오카리
  나, 리코더, 바이올린입니다.
2 예 ① 3학년 학생들은 만화책을 가장 많이
  읽었습니다.
  ② 3학년 학생들은 과학책을 가장 적게 읽었
  습니다.
  ③ 3학년 학생들은 동화책을 두 번째로 많이
  읽었습니다.
이 밖에 알 수 있는 사실이 많습니다.

3 (1)

3학년 학생들이 좋아하는 동물

동물	토끼	고양이	강아지	햄스터	합계
남학생 수(명)	3	7	8	2	20
여학생 수(명)	2	11	3	4	20

(2) (조사한 학생의 수)
  ＝(남학생의 수)＋(여학생의 수)
  ＝20＋20＝40(명)
(3) 예 표를 보면 남학생과 여학생이 어떤 동
  물을 더 좋아하는지, 가장 좋아하는 동물
  은 무엇인지 등을 쉽게 알 수 있습니다.

step 5 수학 문해력 기르기 ······ 123쪽

1 ⑤   **2** ④
3 (1) 풀이 참조 (2) 우동, 샌드위치

1 글을 읽고 문의할 전화번호는 알 수 없습니
다.
2 보기 는 신청 기간과 관련한 내용입니다.
3 (1)

참가자들이 먹고 싶어 하는 간식

간식	핫도그	김밥	샌드위치	우동	합계
참가자 수(명)	5	3	2	10	20

(2) 표에서 참가자 수를 비교하면
  10>5>3>2이므로 가장 많은 학생이
  먹고 싶어 하는 간식은 우동이고, 가장 적
  은 학생이 먹고 싶어 하는 간식은 샌드위
  치입니다.

step 3 개념 연결 문제   126~127쪽

1 (1) 10, 1   (2) 놀이동산, 미술관
    (3) 풀이 참조

step 4 도전 문제   127쪽

2 (1) 풀이 참조   (2) 풀이 참조

1 (1) 👤은 10명, 👤은 1명을 나타냅니다.

   (2) 가장 많은 학생이 놀러 가고 싶어 하는 장소는 👤의 수가 가장 많은 놀이동산이고 가장 적은 학생이 놀러 가고 싶어 하는 장소는 👤과 👤의 수가 가장 적은 미술관입니다.

   (3) 조사한 수의 많고 적음을 한눈에 쉽게 알아볼 수 있습니다.

2 (1) 😊는 10명, 😊은 1명을 나타냅니다.

동윤이네 학교 학년별 학생 수

학년	1	2	3	4	5	6	합계
학생 수(명)	82	90	74	63	80	71	460

   (2) ① 2학년 학생 수가 가장 많습니다.
      ② 4학년 학생 수가 가장 적습니다.
      ③ 1학년 학생 수와 5학년 학생 수가 비슷합니다.
      이 밖에 알 수 있는 사실이 많습니다.

step 5 수학 문해력 기르기   129쪽

1 시식

2

3 가을에 ◯표   **4** 13명

1 글의 "제철에 나는 식품으로 만든 음식, 즉 시식에 대해 알아보자."에서 알 수 있듯이 '계절에 알맞은 음식'은 '시식'입니다.

2 화채－여름, 송편－가을, 김치－겨울, 봄나물－봄입니다.

3 '이열치열'은 더위를 뜨거운 음식을 먹어서 이긴다든지 한다는 뜻이므로 '이열치열'을 더위를 운동장을 뛰면서 땀을 흘려 이긴다는 의미로 사용한 '가을'이 알맞게 사용했습니다.

4 가을을 좋아하는 학생 수는 34명, 겨울을 좋아하는 학생 수는 45명입니다.
(봄과 여름을 좋아하는 학생 수)
＝(조사한 전체 학생 수)
   －(가을, 겨울을 좋아하는 학생 수의 합)
＝105－79＝26(명)
봄과 여름을 좋아하는 학생 수가 같으므로
(여름을 좋아하는 학생 수)
＝(봄과 여름을 좋아하는 학생 수)÷2
＝26÷2＝13(명)

step 3 개념 연결 문제   132~133쪽

1 (1) 2가지   (2) 풀이 참조
    (3) 체육, 미술, 음악, 국어, 수학
    (4) 풀이 참조

step 4 도전 문제   133쪽

2 (1) 90장   (2) 풀이 참조   (3) 풀이 참조

1 (1) 10명, 1명 → 2가지

(2)

과목	좋아하는 과목별 학생 수
	학생 수
국어	◎ ○○○
수학	○○
음악	◎ ○○○○○○○
미술	◎ ○○○○○○○○
체육	◎○○○

◎ 10명
○ 1명

(3) 체육은 40명, 미술은 18명, 음악은 17명, 국어는 13명, 수학은 2명입니다.
좋아하는 학생 수가 많은 순서대로 과목을 쓰면 체육, 미술, 음악, 국어, 수학입니다.

(4) ⑩ 수학을 좋아하는 학생이 2명이므로 더 많은 학생들이 수학을 좋아할 수 있도록 수학을 더 재미있게 가르치려고 노력할 것입니다.
이 밖에 여러 가지 답이 있습니다.

2 (1) (일주일 동안 팔린 주스의 수)
$= 32 + 21 + 13 + 24 = 90$(잔)

(2)

일주일 동안 팔린 주스의 수

종류	주스의 수(잔)
포도	
토마토	
당근	
바나나	

🥛 10잔
🥛 1잔

(3) ⑩ 당근주스보다 포도주스를 더 많이 준비합니다.

---

step 5 수학 문해력 기르기 　　135쪽

1 대중교통　　**2** ⑤
3 풀이 참조　　**4** 풀이 참조

---

1 이 글은 대중교통을 이용하자고 주장하는 글입니다.

2 자가용을 이용할 때 되도록 빨리 달리기는 자가용 이용을 줄일 수 있는 방법이 아니므로 ⑤입니다.

3

교통수단	자주 이용하는 교통수단
	마을 주민 수
자가용	◎◎◎◎◎◎◎◎
버스	◎◎◎◎◎○○○○○
지하철	◎◎◎◎◎◎○○○○
도보	◎◎◎◎

◎ 10명
○ 1명

4

교통수단	자주 이용하는 교통수단
	마을 주민 수
자가용	○○○○
버스	○○○••••••
지하철	○○○••••
도보	○○

◎ 20명
○ 10명
• 1명